Proportionaltafeln

Aufschlagen der Winkel auf Minuten

1′	2′	3′	4′	5′	D	1′	2′	3′	4′	5′
[illegible]	0	1	1	1	51	9	17	26	34	43
[illegible]	1	1	1	2	52	9	17	26	35	43
[illegible]	1	2	2	3	53	9	18	27	35	44
[illegible]	1	2	3	3	54	9	18	27	36	45
[illegible]	2	3	3	4	55	9	18	28	37	46
[illegible]	2	3	4	5	56	9	19	28	37	47
[illegible]	2	4	5	6	57	10	19	29	38	48
[illegible]	3	4	5	7	58	10	19	29	39	48
[illegible]	3	5	6	8	59	10	20	30	39	49
[illegible]	3	5	7	8	60	10	20	30	40	50
[illegible]	4	6	7	9	61	10	20	31	41	51
[illegible]	4	6	8	10	62	10	21	31	41	52
[illegible]	4	7	9	11	63	11	21	32	42	53
[illegible]	5	7	9	12	64	11	21	32	43	53
[illegible]	5	8	10	13	65	11	22	33	43	54
[illegible]	5	8	11	13	66	11	22	33	44	55
[illegible]	6	9	11	14	67	11	22	34	45	56
[illegible]	6	9	12	15	68	11	23	34	45	57
[illegible]	6	10	13	16	69	12	23	35	46	58
[illegible]	7	10	13	17	70	12	23	35	47	58
[illegible]	7	11	14	18	71	12	24	36	47	59
[illegible]	7	11	15	18	72	12	24	36	48	60
[illegible]	8	12	15	19	73	12	24	37	49	61
[illegible]	8	12	16	20	74	12	25	37	49	62
[illegible]	8	13	17	21	75	13	25	38	50	63
[illegible]	9	13	17	22	76	13	25	38	51	63
[illegible]	9	14	18	23	77	13	26	39	51	64
[illegible]	9	14	19	23	78	13	26	39	52	65
[illegible]	10	15	19	24	79	13	26	40	53	66
[illegible]	10	15	20	25	80	13	27	40	53	67
[illegible]	10	16	21	26	81	14	27	41	54	68
[illegible]	11	16	21	27	82	14	27	41	55	68
[illegible]	11	17	22	28	83	14	28	42	55	69
[illegible]	11	17	23	28	84	14	28	42	56	70
[illegible]	12	18	23	29	85	14	28	43	57	71
[illegible]	12	18	24	30	86	14	29	43	57	72
[illegible]	12	19	25	31	87	15	29	44	58	73
[illegible]	13	19	25	32	88	15	29	44	59	73
[illegible]	13	20	26	33	89	15	30	45	59	74
[illegible]	13	20	27	33	90	15	30	45	60	75
[illegible]	14	21	27	34	91	15	30	46	61	76
[illegible]	14	21	28	35	92	15	31	46	61	77
[illegible]	14	22	29	36	93	16	31	47	62	78
[illegible]	15	22	29	37	94	16	31	47	63	78
[illegible]	15	23	30	38	95	16	32	48	63	79
[illegible]	15	23	31	38	96	16	32	48	64	80
[illegible]	16	24	31	39	97	16	32	49	65	81
[illegible]	16	24	32	40	98	16	33	49	65	82
[illegible]	16	25	33	41	99	17	33	50	66	83
[illegible]	17	25	33	42	100	17	33	50	67	83
1′	2′	3′	4′	5′	D	1′	2′	3′	4′	5′

Proportionaltafeln. Reziproke von D

1:D	D	1	2	3	4	5	6	7	8	9	1:D	D	1	2	3	4	5	6	7	8	9
1,00	1	0	0	0	0	1	1	1	1	1	*0,02*	51	5	10	15	20	26	31	36	41	46
0,50	2	0	0	1	1	1	1	1	2	2	·	52	5	10	16	21	26	31	36	42	47
33	3	0	1	1	1	2	2	2	2	3	·	53	5	11	16	21	27	32	37	42	48
25	4	0	1	1	2	2	2	3	3	4	·	54	5	11	16	22	27	32	38	43	49
20	5	1	1	2	2	3	3	4	4	5	·	55	6	11	17	22	28	33	39	44	50
0,17	6	1	1	2	2	3	4	4	5	5	*0,02*	56	6	11	17	22	28	34	39	45	50
14	7	1	1	2	3	4	4	5	6	6	·	57	6	11	17	23	29	34	40	46	51
13	8	1	2	2	3	4	5	6	6	7	·	58	6	12	17	23	29	35	41	46	52
11	9	1	2	3	4	5	5	6	7	8	·	59	6	12	18	24	30	35	41	47	53
10	10	1	2	3	4	5	6	7	8	9	·	60	6	12	18	24	30	36	42	48	54
0,09	11	1	2	3	4	6	7	8	9	10	*0,02*	61	6	12	18	24	31	37	43	49	55
8	12	1	2	4	5	6	7	8	10	11	·	62	6	12	19	25	31	37	43	50	56
·	13	1	3	4	5	7	8	9	10	12	·	63	6	13	19	25	32	38	44	50	57
7	14	1	3	4	6	7	8	10	11	13	·	64	6	13	19	26	32	38	45	51	58
·	15	2	3	5	6	8	9	11	12	14	·	65	7	13	20	26	33	39	46	52	59
0,06	16	2	3	5	6	8	10	11	13	14	*0,02*	66	7	13	20	26	33	40	46	53	59
·	17	2	3	5	7	9	10	12	14	15	*0,01*	67	7	13	20	27	34	40	47	54	60
·	18	2	4	5	7	9	11	13	14	16	·	68	7	14	20	27	34	41	48	54	61
5	19	2	4	6	8	10	11	13	15	17	·	69	7	14	21	28	35	41	48	55	62
·	20	2	4	6	8	10	12	14	16	18	·	70	7	14	21	28	35	42	49	56	63
0,05	21	2	4	6	8	11	13	15	17	19	*0,01*	71	7	14	21	28	36	43	50	57	64
·	22	2	4	7	9	11	13	15	18	20	·	72	7	14	22	29	36	43	50	58	65
4	23	2	5	7	9	12	14	16	18	21	·	73	7	15	22	29	37	44	51	58	66
·	24	2	5	7	10	12	14	17	19	22	·	74	7	15	22	30	37	44	52	59	67
·	25	3	5	8	10	13	15	18	20	23	·	75	8	15	23	30	38	45	53	60	68
0,04	26	3	5	8	10	13	16	18	21	23	*0,01*	76	8	15	23	30	38	46	53	61	68
·	27	3	5	8	11	14	16	19	22	24	·	77	8	15	23	31	39	46	54	62	69
·	28	3	6	8	11	14	17	20	22	25	·	78	8	16	23	31	39	47	55	62	70
3	29	3	6	9	12	15	17	20	23	26	·	79	8	16	24	32	40	47	55	63	71
·	30	3	6	9	12	15	18	21	24	27	·	80	8	16	24	32	40	48	56	64	72
0,03	31	3	6	9	12	16	19	22	25	28	*0,01*	81	8	16	24	32	41	49	57	65	73
·	32	3	6	10	13	16	19	22	26	29	·	82	8	16	25	33	41	49	57	66	74
·	33	3	7	10	13	17	20	23	26	30	·	83	8	17	25	33	42	50	58	66	75
·	34	3	7	10	14	17	20	24	27	31	·	84	8	17	25	34	42	50	59	67	76
·	35	4	7	11	14	18	21	25	28	32	·	85	9	17	26	34	43	51	60	68	77
0,03	36	4	7	11	14	18	22	25	29	32	*0,01*	86	9	17	26	34	43	52	60	69	77
·	37	4	7	11	15	19	22	26	30	33	·	87	9	17	26	35	44	52	61	70	78
·	38	4	8	11	15	19	23	27	30	34	·	88	9	18	26	35	44	53	62	70	79
·	39	4	8	12	16	20	23	27	31	35	·	89	9	18	27	36	45	53	62	71	80
·	40	4	8	12	16	20	24	28	32	36	·	90	9	18	27	36	45	54	63	72	81
0,02	41	4	8	12	16	21	25	29	33	37	*0,01*	91	9	18	27	36	46	55	64	73	82
·	42	4	8	13	17	21	25	29	32	38	·	92	9	18	28	37	46	55	64	74	83
·	43	4	9	13	17	22	26	30	34	39	·	93	9	19	28	37	47	56	65	74	84
·	44	4	9	13	18	22	26	31	35	40	·	94	9	19	28	38	47	56	66	75	85
·	45	5	9	14	18	23	27	32	36	41	·	95	10	19	29	38	48	57	67	76	86
0,02	46	5	9	14	18	23	28	32	37	41	*0,01*	96	10	19	29	38	48	58	67	77	86
·	47	5	9	14	19	24	28	33	38	42	·	97	10	19	29	39	49	58	68	78	87
·	48	5	10	14	19	24	29	34	38	43	·	98	10	20	29	39	49	59	69	78	88
·	49	5	10	15	20	25	29	34	39	44	·	99	10	20	30	40	50	59	69	79	89
·	50	5	10	15	20	25	30	35	40	45	·	100	10	20	30	40	50	60	70	80	90
1:D	D	1	2	3	4	5	6	7	8	9	1:D	D	1	2	3	4	5	6	7	8	9

100 ⟶ 105 ⟶ 117 ⟶ 133 ⟶ 150

Vorbemerkungen

Die 16. Auflage dieses Tafelwerkes von *Ph. Lötzbeyer* ist für die vorliegende Auflage in verschiedener Hinsicht verbessert und erweitert worden, wobei insbesondere die Wünsche und Vorschläge aus den Kreisen der Benutzer berücksichtigt wurden. Erwähnenswert sind neben der Beseitigung einzelner Unzulänglichkeiten die Erweiterung der Tafel der mathematischen Konstanten, der Austausch der weniger gebrauchten Tafel der Abzinsungsfaktoren $\left(\frac{1}{q}\right)^n$ gegen die Tafel der Summen geometrischer Reihen $\left(\frac{q^n-1}{q-1}\right)$, die Neuaufnahme des Perioden-Systems der Elemente sowie die Erweiterung der Formelsammlung um die wichtigsten Formeln der Vektorrechnung und einige Formeln der vektoriellen analytischen Geometrie. Die geometrischen Teile der Formelsammlung wurden mit anschaulichen Abbildungen versehen. Ferner wurde versucht, die Benutzung der Tafeln durch Verbesserung der Übersichtlichkeit, durch Hinweise an geeigneten Stellen und vor allem durch das von vielen Benutzern gewünschte Suchregister zu vereinfachen.

Weitere Hinweise und Vorschläge zur Verbesserung des vorliegenden Tafelwerkes werden dankbar begrüßt.

Berlin-Lichterfelde, Januar 1958 *Joachim Erlebach*

Aus dem Vorwort der Ausgabe von 1951

Die vorliegenden Tafeln bilden eine Fortsetzung der Vierstelligen Tafeln des Bearbeiters, die in 20 Auflagen von 1918—1940 in Leipzig erschienen sind. Sie sind bestrebt, zum Teil auf neuen Wegen, eine wirklich fruchtbare und einwandfreie Benutzung der Vierstelligen Tafeln zu ermöglichen und das Verständnis für das Tafelrechnen zu beleben und zu vertiefen:

1. Die Zahlentafeln sind, entsprechend den Bedürfnissen des Unterrichts und der Praxis, vorangestellt; doch ist Vorsorge getroffen, daß auch die Logarithmentafeln mit einem Griff zu finden sind.
2. Beispiele für den Gebrauch der Tafeln siehe Erläuterungen.
3. Der Haupteingang einer Tafel ist durch Pfeil bezeichnet: →
4. Jede Tafel ist mit gleicher Leichtigkeit auch rückwärts zu benutzen: ←. Das gilt ganz besonders für die Umrechnungstafeln.
5. Die in Spalte D angegebenen Differenzen sind Enddifferenzen. Sie geben den Anstieg der Tafelwerte vom Ende der betr. Zeile bis zum Anfang der nächsten, also den Unterschied der daneben stehenden Tafelzahl gegen die erste der folgenden Zeile an.
6. Die kleinen Tafelteile, bei denen nicht geradlinig interpoliert werden darf, sind deutlich gekennzeichnet.
7. Die Tafeln geben eine anschauliche und vertiefte Erläuterung der einfachen und höheren Interpolation und der Kennzeichen ihrer Zulässigkeit. Sie enthalten auch die erforderlichen Hilfen für besondere Aufgaben.
8. Vor allem bringen die Tafeln eine praktisch brauchbare und einfache Lösung der Frage der Beurteilung der Genauigkeit, und zwar derart, daß das Genauigkeitsmaß aus einer Spalte zu entnehmen oder genauer an Teilungen abzulesen oder fast mühelos aus einfachen Formeln zu errechnen ist. Damit verfügt der Benutzer über ein Rechenhilfsmittel, das ihm an jeder Stelle Klarheit über den Genauigkeitsgrad gibt.
9. Die in Spalte U verzeichneten Genauigkeitsmaße betreffen die Eingangszahlen und gelten für die Anfangsdifferenzen.
10. Die kleine Ergänzungstafel 18a ermöglicht die Bestimmung der Logarithmen der Sinus und Tangens kleiner Winkel mit größter Genauigkeit und Einfachheit.
11. Das Titelbild gibt eine neue Darstellung der log. Kurve in Stufenform und zugleich eine vollständige graph. Logarithmentafel (I) über 8 Zehnerbereiche auf kleinstem Raum. Diese zeigt anschaulich die Vorzüge der Zehnerlogarithmen und das Wesen von Kennziffer und Mantisse. Ferner bildet sie die einfachste Grundlage zu einem vertieften Verständnis des Rechenschiebers. Trotz der geringen Genauigkeit ist sie doch unterrichtlich und auch praktisch beim Gebrauch der Grundtafel 15 von hohem Wert.

Berlin-Zehlendorf, Juli 1951 *Ph. Lötzbeyer*

Inhalt

A. Zahlentafeln

B. Logarithmentafeln

Beispiele für den Gebrauch der Vierstelligen Tafeln finden sich in den Erläuterungen, die gesondert geliefert werden.

$x^2, \sqrt{x}$
$x^3, \sqrt[3]{x}$

sin x, cos x
tg x, cotg x

Renten
Sterbetafel

Mathem. Konstanten
$e^{\pm x}$

Phys., chem., astron. Tafeln

lg x

lg sin x, lg cos x
lg tg x, lg cotg x

Beurteilung der Genauigkeit

Nomogramme

Mathem. Formeln

$x^2, \sqrt{x}$
$x^3, \sqrt[3]{x}$

Z Taf. 1 **Quadrate** von 1,000 → 5,000. **Quadratwurzeln** von 1,000 → 25,00

Benutzung in anderen Zehnerbereichen

1. Geht das Komma in der Eingangszahl x je 1 Stelle nach rechts (links), so geht es in der Tafelzahl x^2 je 2 Stellen nach rechts (links) und umgekehrt.

Beispiel: $4{,}06^2 = 16{,}48$; $40{,}6^2 = (4{,}06 \cdot 10)^2 = 16\,48$; $0{,}406^2 = 0{,}1648$; $514{,}4^2 = 264600$.

2. Aufsuchen der Quadratwurzel in Bereich I oder II der Tafel, je nachdem der Radikand beim Kommaverschieben um je 2 Stellen zur Überführung in den zutreffenden Tafelbereich eine Spitzengruppe von 1 oder 2 geltenden Ziffern ergibt.

Beispiel: $\sqrt{20'48}$ (II) = 45,26; $\sqrt{2'19{,}9}$ (I) = 14,83; $\sqrt{0{,}12'08}$ (II) = 0,3476; $\sqrt{0{,}06'457}$ (I) = 0,2541.

x	0	1	2	3	4	5	6	7	8	9	D	U
1,0	***1,000***	1,020	1,040	1,061	1,082	1,103	1,124	1,145	1,166	1,188	22	0,000 5
1,1	1,210	1,232	1,254	1,277	1,300	1,323	1,346	1,369	1,392	1,416	24	.
1,2	1,440	1,464	1,488	1,513	1,538	1,563	1,588	1,613	1,638	1,664	26	4
1,3	1,690	1,716	1,742	1,769	1,796	1,823	1,850	1,877	1,904	1,932	28	.
1,4	1,960	1,988	***2,016***	2,045	2,074	2,103	2,132	2,161	2,190	2,220	30	.
1,5	2,250	2,280	2,310	2,341	2,372	2,403	2,434	2,465	2,496	2,528	32	3
1,6	2,560	2,592	2,624	2,657	2,690	2,723	2,756	2,789	2,822	2,856	34	.
1,7	2,890	2,924	2,958	2,993	***3,028***	3,063	3,098	3,133	3,168	3,204	36	.
1,8	3,240	3,276	3,312	3,349	3,386	3,423	3,460	3,497	3,534	3,572	38	.
1,9	3,610	3,648	3,686	3,725	3,764	3,803	3,842	3,881	3,920	3,960	40	.
2,0	***4,000***	4,040	4,080	4,121	4,162	4,203	4,244	4,285	4,326	4,368	42	3
2,1	4,410	4,452	4,494	4,537	4,580	4,623	4,666	4,709	4,752	4,796	44	2
2,2	4,840	4,884	4,928	4,973	***5,018***	5,063	5,108	5,153	5,198	5,244	46	.
2,3	5,290	5,336	5,382	5,429	5,476	5,523	5,570	5,617	5,664	5,712	48	.
2,4	5,760	5,808	5,856	5,905	5,954	***6,003***	6,052	6,101	6,150	6,200	50	.
2,5	6,250	6,300	6,350	6,401	6,452	6,503	6,554	6,605	6,656	6,708	52	2
2,6	6,760	6,812	6,864	6,917	6,970	***7,023***	7,076	7,129	7,182	7,236	54	.
2,7	7,290	7,344	7,398	7,453	7,508	7,563	7,618	7,673	7,728	7,784	56	.
2,8	7,840	7,896	7,952	***8,009***	8,066	8,123	8,180	8,237	8,294	8,352	58	.
2,9	8,410	8,468	8,526	8,585	8,644	8,703	8,762	8,821	8,880	8,940	60	.
3,0	***9,000***	9,060	9,120	9,181	9,242	9,303	9,364	9,425	9,486	9,548	62	2
3,1	9,610	9,672	9,734	9,797	9,860	9,923	9,986	***10,04***$_9$	10,11	10,18	6	. 0,00
3,2	10,24	10,30	10,37	10,43	10,50	10,56	10,63	10,69	10,76	10,82	7	2
3,3	10,89	10,96	11,02	11,09	11,16	11,22	11,29	11,36	11,42	11,49	7	1
3,4	11,56	11,63	11,70	11,76	11,83	11,90	11,97	12,04	12,11	12,18	7	.
3,5	12,25	12,32	12,39	12,46	12,53	12,60	12,67	12,74	12,82	12,89	7	1
3,6	12,96	13,03	13,10	13,18	13,25	13,32	13,40	13,47	13,54	13,62	7	.
3,7	13,69	13,76	13,84	13,91	13,99	14,06	14,14	14,21	14,29	14,36	8	.
3,8	14,44	14,52	14,59	14,67	14,75	14,82	14,90	14,98	15,05	15,13	8	.
3,9	15,21	15,29	15,37	15,44	15,52	15,60	15,68	15,76	15,84	15,92	8	.
4,0	16,00	16,08	16,16	16,24	16,32	16,40	16,48	16,56	16,65	16,73	8	1
4,1	16,81	16,89	16,97	17,06	17,14	17,22	17,31	17,39	17,47	17,56	8	.
4,2	17,64	17,72	17,81	17,89	17,98	18,06	18,15	18,23	18,32	18,40	9	.
4,3	18,49	18,58	18,66	18,75	18,84	18,92	19,01	19,10	19,18	19,27	9	.
4,4	19,36	19,45	19,54	19,62	19,71	19,80	19,89	19,98	***20,07***	20,16	9	.
4,5	20,25	20,34	20,43	20,52	20,61	20,70	20,79	20,88	20,98	21,07	9	1
4,6	21,16	21,25	21,34	21,44	21,53	21,62	21,72	21,81	21,90	22,00	9	.
4,7	22,09	22,18	22,28	22,37	22,47	22,56	22,66	22,75	22,85	22,94	10	.
4,8	23,04	23,14	23,23	23,33	23,43	23,52	23,62	23,72	23,81	23,91	10	.
4,9	24,01	24,11	24,21	24,30	24,40	24,50	24,60	24,70	24,80	24,90	10	.
x	0	1	2	3	4	5	6	7	8	9	D	U

Gm U = $\delta_1 x$ = 0,01 : D.

Wurzeln aus den natürlichen Zahlen von 1—50 Tafel 8

x	0	1	2	3	4	5	6	7	8	9	D	U
5,0	25,00	25,10	25,20	25,30	25,40	25,50	25,60	25,70	25,81	25,91	10	0,00 1
5,1	26,01	26,11	26,21	26,32	26,42	26,52	26,63	26,73	26,83	26,94	10	·
5,2	27,04	27,14	27,25	27,35	27,46	27,56	27,67	27,77	27,88	27,98	11	·
5,3	28,09	28,20	28,30	28,41	28,52	28,62	28,73	28,84	28,94	29,05	11	·
5,4	29,16	29,27	29,38	29,48	29,59	29,70	29,81	29,92	***30,03***	30,14	11	·
5,5	30,25	30,36	30,47	30,58	30,69	30,80	30,91	31,02	31,14	31,25	11	1
5,6	31,36	31,47	31,58	31,70	31,81	31,92	32,04	32,15	32,26	32,38	11	·
5,7	32,49	32,60	32,72	32,83	32,95	33,06	33,18	33,29	33,41	33,52	12	·
5,8	33,64	33,76	33,87	33,99	34,11	34,22	34,34	34,46	34,57	34,69	12	·
5,9	34,81	34,93	35,05	35,16	35,28	35,40	35,52	35,64	35,76	35,88	12	
6,0	36,00	36,12	36,24	36,36	36,48	36,60	36,72	36,84	36,97	37,09	12	1
6,1	37,21	37,33	37,45	37,58	37,70	37,82	37,95	38,07	38,19	38,32	12	·
6,2	38,44	38,56	38,69	38,81	38,94	39,06	39,19	39,31	39,44	39,56	13	·
6,3	39,69	39,82	39,94	***40,07***	40,20	40,32	40,45	40,58	40,70	40,83	13	·
6,4	40,96	41,09	41,22	41,34	41,47	41,60	41,73	41,86	41,99	42,12	13	·
6,5	42,25	42,38	42,51	42,64	42,77	42,90	43,03	43,16	43,30	43,43	13	1
6,6	43,56	43,69	43,82	43,96	44,09	44,22	44,36	44,49	44,62	44,76	13	·
6,7	44,89	45,02	45,16	45,29	45,43	45,56	45,70	45,83	45,97	46,10	14	·
6,8	46,24	46,38	46,51	46,65	46,79	46,92	47,06	47,20	47,33	47,47	14	·
6,9	47,61	47,75	47,89	48,02	48,16	48,30	48,44	48,58	48,72	48,86	14	·
7,0	49,00	49,14	49,28	49,42	49,56	49,70	49,84	49,98	***50,13***	50,27	14	1
7,1	50,41	50,55	50,69	50,84	50,98	51,12	51,27	51,41	51,55	51,70	14	·
7,2	51,84	51,98	52,13	52,27	52,42	52,56	52,71	52,85	53,00	53,14	15	·
7,3	53,29	53,44	53,58	53,73	53,88	54,02	54,17	54,32	54,46	54,61	15	·
7,4	54,76	54,91	55,06	55,20	55,35	55,50	55,65	55,80	55,95	56,10	15	·
7,5	56,25	56,40	56,55	56,70	56,85	57,00	57,15	57,30	57,46	57,61	15	1
7,6	57,76	57,91	58,06	58,22	58,37	58,52	58,68	58,83	58,98	59,14	15	·
7,7	59,29	59,44	59,60	59,75	59,91	***60,06***	60,22	60,37	60,53	60,68	16	·
7,8	60,84	61,00	61,15	61,31	61,47	61,62	61,78	61,94	62,09	62,25	16	·
7,9	62,41	62,57	62,73	62,88	63,04	63,20	63,36	63,52	63,68	63,84	16	·
8,0	64,00	64,16	64,32	64,48	64,64	64,80	64,96	65,12	65,29	65,45	16	1
8,1	65,61	65,77	65,93	66,10	66,26	66,42	66,59	66,75	66,91	67,08	16	·
8,2	67,24	67,40	67,57	67,73	67,90	68,06	68,23	68,39	68,56	68,72	17	·
8,3	68,89	69,06	69,22	69,39	69,56	69,72	69,89	***70,06***	70,22	70,39	17	·
8,4	70,56	70,73	70,90	71,06	71,23	71,40	71,57	71,74	71,91	72,08	17	·
8,5	72,25	72,42	72,59	72,76	72,93	73,10	73,27	73,44	73,62	73,79	17	1
8,6	73,96	74,13	74,30	74,48	74,65	74,82	75,00	75,17	75,34	75,52	17	·
8,7	75,69	75,86	76,04	76,21	76,39	76,56	76,74	76,91	77,09	77,26	18	·
8,8	77,44	77,62	77,79	77,97	78,15	78,32	78,50	78,68	78,85	79,03	18	·
8,9	79,21	79,39	79,57	79,74	79,92	***80,10***	80,28	80,46	80,64	80,82	18	·
9,0	81,00	81,18	81,36	81,54	81,72	81,90	82,08	82,26	82,45	82,63	18	1
9,1	82,81	82,99	83,17	83,36	83,54	83,72	83,91	84,09	84,27	84,46	18	·
9,2	84,64	84,82	85,01	85,19	85,38	85,56	85,75	85,93	86,12	86,30	19	·
9,3	86,49	86,68	86,86	87,05	87,24	87,42	87,61	87,80	87,98	88,17	19	·
9,4	88,36	88,55	88,74	88,92	89,11	89,30	89,49	89,68	89,87	***90,06***	19	·
9,5	90,25	90,44	90,63	90,82	91,01	91,20	91,39	91,58	91,78	91,97	19	1
9,6	92,16	92,35	92,54	92,74	92,93	93,12	93,32	93,51	93,70	93,90	19	·
9,7	94,09	94,28	94,48	94,67	94,87	95,06	95,26	95,45	95,65	95,84	20	·
9,8	96,04	96,24	96,43	96,63	96,83	97,02	97,22	97,42	97,61	97,81	20	·
9,9	98,01	98,21	98,41	98,60	98,80	99,00	99,20	99,40	99,60	99,80	20	·
x	0	1	2	3	4	5	6	7	8	9	D	U

II

$2n$

Gm $V = \delta_1 y = D \cdot 10^{-8} : 10$ **Wurzeln aus den natürlichen Zahlen von 1—50 Tafel 8**

$x^2, \sqrt{x}$
$x^3, \sqrt[3]{x}$

Z Taf. 2 Kuben von 1,000 → 5,000. Kubikwurzeln von 1,000 → 125,0

Benutzung in anderen Bereichen

1. Geht das Komma in x je 1 Stelle nach rechts (links), so geht es in x^3 je 3 Stellen nach rechts (links) und umgekehrt.

Beispiel: $3{,}56^3 = 45{,}12$; $35{,}6^3 = (3{,}56 \cdot 10)^3 = 45120$; $0{,}356^3 = (3{,}56 \cdot 10^{-1})^3 = 0{,}04512$.

2. Aufsuchen der Kubikwurzel in Bereich I, II oder III der Tafel, je nachdem der Radikand bei Verschieben des Kommas um je 3 Stellen zur Überführung in den zutreffenden Tafelbereich eine Spitzengruppe von 1, 2 oder 3 geltenden Ziffern ergibt.

Beispiel: $\sqrt[3]{2'433}$ (I) = 13,45; $\sqrt[3]{67'470}$ (II) = 40,71; $\sqrt[3]{0{,}861'5}$ (III) = 0,9515; $\sqrt[3]{0{,}000'578'}$ (III) = 0,0833.

x	0	1	2	3	4	5	6	7	8	9	D	U
1,0	*1,000*	1,030	1,061	1,093	1,125	1,158	1,191	1,225	1,260	1,295	36	0,000 3
1,1	1,331	1,368	1,405	1,443	1,482	1,521	1,561	1,602	1,643	1,685	43	·
1,2	1,728	1,772	1,816	1,861	1,907	1,953	*2,000*	2,048	2,097	2,147	50	2
1,3	2,197	2,248	2,300	2,353	2,406	2,460	2,515	2,571	2,628	2,686	58	·
1,4	2,744	2,803	2,863	2,924	2,986	*3,049*	3,112	3,177	3,242	3,308	67	·
1,5	3,375	3,443	3,512	3,582	3,652	3,724	3,796	3,870	3,944	*4,020*	76	1
1,6	4,096	4,173	4,252	4,331	4,411	4,492	4,574	4,657	4,742	4,827	86	·
1,7	4,913	*5,000*	5,088	5,178	5,268	5,359	5,452	5,545	5,640	5,735	97	·
1,8	5,832	5,930	*6,029*	6,128	6,230	6,332	6,435	6,539	6,645	6,751	108	·
1,9	6,859	6,968	*7,078*	7,189	7,301	7,415	7,530	7,645	7,762	7,881	119	·
2,0	*8,000*	8,121	8,242	8,365	8,490	8,615	8,742	8,870	8,999	*9,129*	132	1
2,1	9,261	9,394	9,528	9,664	9,800	9,938	*10,07*$_8$	10,22	10,36	10,50	15	·
2,2	10,65	10,79	10,94	11,09	11,24	11,39	11,54	11,70	11,85	12,01	16	7
2,3	12,17	12,33	12,49	12,65	12,81	12,98	13,14	13,31	13,48	13,65	17	6
2,4	13,82	14,00	14,17	14,35	14,53	14,71	14,89	15,07	15,25	15,44	19	·
2,5	15,63	15,81	16,00	16,19	16,39	16,58	16,78	16,97	17,17	17,37	21	·
2,6	17,58	17,78	17,98	18,19	18,40	18,61	18,82	19,03	19,25	19,47	21	5
2,7	19,68	19,90	*20,12*	20,35	20,57	20,80	21,02	21,25	21,48	21,72	23	·
2,8	21,95	22,19	22,43	22,67	22,91	23,15	23,39	23,64	23,89	24,14	25	4
2,9	24,39	24,64	24,90	25,15	25,41	25,67	25,93	26,20	26,46	26,73	27	·
3,0	27,00	27,27	27,54	27,82	28,09	28,37	28,65	28,93	29,22	29,50	29	4
3,1	29,79	*30,08*	30,37	30,66	30,96	31,26	31,55	31,86	32,16	32,46	31	3
3,2	32,77	33,08	33,39	33,70	34,01	34,33	34,65	34,97	35,29	35,61	33	·
3,3	35,94	36,26	36,59	36,93	37,26	37,60	37,93	38,27	38,61	38,96	34	·
3,4	39,30	39,65	*40,00*	40,35	40,71	41,06	41,42	41,78	42,14	42,51	37	·
3,5	42,88	43,24	43,61	43,99	44,36	44,74	45,12	45,50	45,88	46,27	39	3
3,6	46,66	47,05	47,44	47,83	48,23	48,63	49,03	49,43	49,84	*50,24*	41	·
3,7	50,65	51,06	51,48	51,90	52,31	52,73	53,16	53,58	54,01	54,44	43	2
3,8	54,87	55,31	55,74	56,18	56,62	57,07	57,51	57,96	58,41	58,86	46	·
3,9	59,32	59,78	*60,24*	60,70	61,16	61,63	62,10	62,57	63,04	63,52	48	·
4,0	64,00	64,48	64,96	65,45	65,94	66,43	66,92	67,42	67,92	68,42	50	2
4,1	68,92	69,43	69,93	*70,44*	70,96	71,47	71,99	72,51	73,03	73,56	53	·
4,2	74,09	74,62	75,15	75,69	76,23	76,77	77,31	77,85	78,40	78,95	56	·
4,3	79,51	*80,06*	80,62	81,18	81,75	82,31	82,88	83,45	84,03	84,60	58	·
4,4	85,18	85,77	86,35	86,94	87,53	88,12	88,72	89,31	89,92	*90,52*	61	·
4,5	91,13	91,73	92,35	92,96	93,58	94,20	94,82	95,44	96,07	96,70	64	·
4,6	97,34	97,97	98,61	99,25	99,90	*100,5*$_4$	101,2	101,8	102,5	103,2	6	2
4,7	103,8	104,5	105,2	105,8	106,5	107,2	107,9	108,5	109,2	109,9	7	0,00 1
4,8	110,6	111,3	112,0	112,7	113,4	114,1	114,8	115,5	116,2	116,9	7	·
4,9	117,6	118,4	119,1	119,8	120,6	121,3	122,0	122,8	123,5	124,3	7	·
x	0	1	2	3	4	5	6	7	8	9	D	U

Gm U = $\delta_1 x$ = 0,01 : D Wurzeln aus den natürlichen Zahlen von 1—50 Tafel 8

Kuben von 5,000 → 10,00. Kubikwurzeln von 125,0 → 1000. Z Taf. 2

$x^2, \sqrt{x}$

$x^3, \sqrt[3]{x}$

x	0	1	2	3	4	5	6	7	8	9	D	U
5,0	125,0	125,8	126,5	127,3	128,0	128,8	129,6	130,3	131,1	131,9	8	0,00 1
5,1	132,7	133,4	134,2	135,0	135,8	136,6	137,4	138,2	139,0	139,8	8	·
5,2	140,6	141,4	142,2	143,1	143,9	144,7	145,5	146,4	147,2	148,0	9	
5,3	148,9	149,7	150,6	151,4	152,3	153,1	154,0	154,9	155,7	156,6	9	
5,4	157,5	158,3	159,2	160,1	161,0	161,9	162,8	163,7	164,6	165,5	9	
5,5	166,4	167,3	168,2	169,1	170,0	171,0	171,9	172,8	173,7	174,7	9	1
5,6	175,6	176,6	177,5	178,5	179,4	180,4	181,3	182,3	183,3	184,2	10	·
5,7	185,2	186,2	187,1	188,1	189,1	190,1	191,1	192,1	193,1	194,1	10	
5,8	195,1	196,1	197,1	198,2	199,2	***200,2***	201,2	202,3	203,3	204,3	11	
5,9	205,4	206,4	207,5	208,5	209,6	210,6	211,7	212,8	213,8	214,9	11	
6,0	216,0	217,1	218,2	219,3	220,3	221,4	222,5	223,6	224,8	225,9	11	1
6,1	227,0	228,1	229,2	230,3	231,5	232,6	233,7	234,9	236,0	237,2	11	·
6,2	238,3	239,5	240,6	241,8	243,0	244,1	245,3	246,5	247,7	248,9	11	
6,3	250,0	251,2	252,4	253,6	254,8	256,0	257,3	258,5	259,7	260,9	12	
6,4	262,1	263,4	264,6	265,8	267,1	268,3	269,6	270,8	272,1	273,4	12	
6,5	274,6	275,9	277,2	278,4	279,7	281,0	282,3	283,6	284,9	286,2	13	1
6,6	287,5	288,8	290,1	291,4	292,8	294,1	295,4	296,7	298,1	299,4	14	·
6,7	***300,8***	302,1	303,5	304,8	306,2	307,5	308,9	310,3	311,7	313,0	14	
6,8	314,4	315,8	317,2	318,6	320,0	321,4	322,8	324,2	325,7	327,1	14	
6,9	328,5	329,9	331,4	332,8	334,3	335,7	337,2	338,6	340,1	341,5	15	
7,0	343,0	344,5	345,9	347,4	348,9	350,4	351,9	353,4	354,9	356,4	15	1
7,1	357,9	359,4	360,9	362,5	364,0	365,5	367,1	368,6	370,1	371,7	15	·
7,2	373,2	374,8	376,4	377,9	379,5	381,1	382,7	384,2	385,8	387,4	16	III
7,3	389,0	390,6	392,2	393,8	395,4	397,1	398,7	***400,3***	401,9	403,6	16	3n
7,4	405,2	406,9	408,5	410,2	411,8	413,5	415,2	416,8	418,5	420,2	17	
7,5	421,9	423,6	425,3	427,0	428,7	430,4	432,1	433,8	435,5	437,2	18	1
7,6	439,0	440,7	442,5	444,2	445,9	447,7	449,5	451,2	453,0	454,8	17	·
7,7	456,5	458,3	460,1	461,9	463,7	465,5	467,3	469,1	470,9	472,7	19	
7,8	474,6	476,4	478,2	480,0	481,9	483,7	485,6	487,4	489,3	491,2	18	
7,9	493,0	494,9	496,8	498,7	***500,6***	502,5	504,4	506,3	508,2	510,1	19	
8,0	512,0	513,9	515,8	517,8	519,7	521,7	523,6	525,6	527,5	529,5	19	1
8,1	531,4	533,4	535,4	537,4	539,4	541,3	543,3	545,3	547,3	549,4	20	·
8,2	551,4	553,4	555,4	557,4	559,5	561,5	563,6	565,6	567,7	569,7	21	·
8,3	571,8	573,9	575,9	578,0	580,1	582,2	584,3	586,4	588,5	590,6	21	0,000 5
8,4	592,7	594,8	596,9	599,1	***601,2***	603,4	605,5	607,6	609,8	612,0	21	·
8,5	614,1	616,3	618,5	620,7	622,8	625,0	627,2	629,4	631,6	633,8	23	5
8,6	636,1	638,3	640,5	642,7	645,0	647,2	649,5	651,7	654,0	656,2	23	·
8,7	658,5	660,8	663,1	665,3	667,6	669,9	672,2	674,5	676,8	679,2	23	4
8,8	681,5	683,8	686,1	688,5	690,8	693,2	695,5	697,9	***700,2***	702,6	24	·
8,9	705,0	707,3	709,7	712,1	714,5	716,9	719,3	721,7	724,2	726,6	24	
9,0	729,0	731,4	733,9	736,3	738,8	741,2	743,7	746,1	748,6	751,1	25	4
9,1	753,6	756,1	758,6	761,0	763,6	766,1	768,6	771,1	773,6	776,2	25	·
9,2	778,7	781,2	783,8	786,3	788,9	791,5	794,0	796,6	799,2	***801,8***	26	
9,3	804,4	807,0	809,6	812,2	814,8	817,4	820,0	822,7	825,3	827,9	27	
9,4	830,6	833,2	835,9	838,6	841,2	843,9	846,6	849,3	852,0	854,7	27	
9,5	857,4	860,1	862,8	865,5	868,3	871,0	873,7	876,5	879,2	882,0	27	4
9,6	884,7	887,5	890,3	893,1	895,8	898,6	***901,4***	904,2	907,0	909,9	28	·
9,7	912,7	915,5	918,3	921,2	924,0	926,9	929,7	932,6	935,4	938,3	29	·
9,8	941,2	944,1	947,0	949,9	952,8	955,7	958,6	961,5	964,4	967,4	29	3
9,9	970,3	973,2	976,2	979,1	982,1	985,1	988,0	991,0	994,0	997,0	30	·
x	0	1	2	3	4	5	6	7	8	9	D	U

Gm V = $\delta_1 y = D \cdot 10^{-s} : 10$

Wurzeln aus den natürlichen Zahlen von 1—50 Tafel 8

Z Taf. 3 **Sinus 0° → 45°**

sin x, cos x
tg x, cotg x

Min.	0	6	12	18	24	30	36	42	48	54	60		
Grad	,0	,1	,2	,3	,4	,5	,6	,7	,8	,9	1,0		**U°**
0	0,*0000*	0017	0035	0052	0070	0087	0105	0122	0140	0157	0175	89	0,00 6
1	0175	0192	0209	0227	0244	0262	0279	0297	0314	0332	0349	88	·
2	0349	0366	0384	0401	0419	0436	0454	0471	0488	0506	0523	87	·
3	0523	0541	0558	0576	0593	0610	0628	0645	0663	0680	0698	86	·
4	0698	0715	0732	0750	0767	0785	0802	0819	0837	0854	0872	85	·
5	0,0872	0889	0906	0924	0941	0958	0976	0993	*1011*	1028	1045	84	6
6	1045	1063	1080	1097	1115	1132	1149	1167	1184	1201	1219	83	·
7	1219	1236	1253	1271	1288	1305	1323	1340	1357	1374	1392	82	·
8	1392	1409	1426	1444	1461	1478	1495	1513	1530	1547	1564	81	·
9	1564	1582	1599	1616	1633	1650	1668	1685	1702	1719	1736	**80**	·
10	0,1736	1754	1771	1788	1805	1822	1840	1857	1874	1891	1908	79	6
11	1908	1925	1942	1959	1977	1994	*2011*	2028	2045	2062	2079	78	·
12	2079	2096	2113	2130	2147	2164	2181	2198	2215	2233	2250	77	·
13	2250	2267	2284	2300	2317	2334	2351	2368	2385	2402	2419	76	·
14	2419	2436	2453	2470	2487	2504	2521	2538	2554	2571	2588	75	·
15	0,2588	2605	2622	2639	2656	2672	2689	2706	2723	2740	2756	74	6
16	2756	2773	2790	2807	2823	2840	2857	2874	2890	2907	2924	73	·
17	2924	2940	2957	2974	2990	*3007*	3024	3040	3057	3074	3090	72	·
18	3090	3107	3123	3140	3156	3173	3190	3206	3223	3239	3256	71	·
19	3256	3272	3289	3305	3322	3338	3355	3371	3387	3404	3420	**70**	·
20	0,3420	3437	3453	3469	3486	3502	3518	3535	3551	3567	3584	69	6
21	3584	3600	3616	3633	3649	3665	3681	3697	3714	3730	3746	68	·
22	3746	3762	3778	3795	3811	3827	3843	3859	3875	3891	3907	67	·
23	3907	3923	3939	3955	3971	3987	*4003*	4019	4035	4051	4067	66	·
24	4067	4083	4099	4115	4131	4147	4163	4179	4195	4210	4226	65	·
25	0,4226	4242	4258	4274	4289	4305	4321	4337	4352	4368	4384	64	6
26	4384	4399	4415	4431	4446	4462	4478	4493	4509	4524	4540	63	7
27	4540	4555	4571	4586	4602	4617	4633	4648	4664	4679	4695	62	·
28	4695	4710	4726	4741	4756	4772	4787	4802	4818	4833	4848	61	·
29	4848	4863	4879	4894	4909	4924	4939	4955	4970	4985	5000	**60**	·
30	0,*5000*	5015	5030	5045	5060	5075	5090	5105	5120	5135	5150	59	7
31	5150	5165	5180	5195	5210	5225	5240	5255	5270	5284	5299	58	·
32	5299	5314	5329	5344	5358	5373	5388	5402	5417	5432	5446	57	·
33	5446	5461	5476	5490	5505	5519	5534	5548	5563	5577	5592	56	·
34	5592	5606	5621	5635	5650	5664	5678	5693	5707	5721	5736	55	·
35	0,5736	5750	5764	5779	5793	5807	5821	5835	5850	5864	5878	54	7
36	5878	5892	5906	5920	5934	5948	5962	5976	5990	*6004*	6018	53	·
37	6018	6032	6046	6060	6074	6088	6101	6115	6129	6143	6157	52	·
38	6157	6170	6184	6198	6211	6225	6239	6252	6266	6280	6293	51	8
39	6293	6307	6320	6334	6347	6361	6374	6388	6401	6414	6428	**50**	·
40	0,6428	6441	6455	6468	6481	6494	6508	6521	6534	6547	6561	49	8
41	6561	6574	6587	6600	6613	6626	6639	6652	6665	6678	6691	48	·
42	6691	6704	6717	6730	6743	6756	6769	6782	6794	6807	6820	47	·
43	6820	6833	6845	6858	6871	6884	6896	6909	6921	6934	6947	46	·
44	0,6947	6959	6972	6984	6997	*7009*	7022	7034	7046	7059	7071	45	·
	1,0	,9	,8	,7	,6	,5	,4	,3	,2	,1	,0	**Grad**	
	60	54	48	42	36	30	24	18	12	6	0	**Min.**	

Gm U = $\delta_1 x$ = 0,1° : D **Kosinus 45° → 90°**

Sinus $45^0 \rightarrow 90^0$

Z Taf. 3

$\sin x$, $\cos x$
$\mathrm{tg}\, x$, $\mathrm{cotg}\, x$

Min.	0	6	12	18	24	30	36	42	48	54	60		
Grad	,0	,1	,2	,3	,4	,5	,6	,7	,8	,9	1,0	↑	U⁰
45	0,7071	7083	7096	7108	7120	7133	7145	7157	7169	7181	7193	44	0,00 8
46	7193	7206	7218	7230	7242	7254	7266	7278	7290	7302	7314	43	·
47	7314	7325	7337	7349	7361	7373	7385	7396	7408	7420	7431	42	·
48	7431	7443	7455	7466	7478	7490	7501	7513	7524	7536	7547	41	·
49	7547	7559	7570	7581	7593	7604	7615	7627	7638	7649	7660	**40**	·
50	0,7660	7672	7683	7694	7705	7716	7727	7738	7749	7760	7771	39	8
51	7771	7782	7793	7804	7815	7826	7837	7848	7859	7869	7880	38	9
52	7880	7891	7902	7912	7923	7934	7944	7955	7965	7976	7986	37	·
53	7986	7997	*8007*	8018	8028	8039	8049	8059	8070	8080	8090	36	·
54	8090	8100	8111	8121	8131	8141	8151	8161	8171	8181	8192	35	0,0 10
55	0,8192	8202	8211	8221	8231	8241	8251	8261	8271	8281	8290	34	10
56	8290	8300	8310	8320	8329	8339	8348	8358	8368	8377	8387	33	·
57	8387	8396	8406	8415	8425	8434	8443	8453	8462	8471	8480	32	11
58	8480	8490	8499	8508	8517	8526	8536	8545	8554	8563	8572	31	·
59	8572	8581	8590	8599	8607	8616	8625	8634	8643	8652	8660	**30**	·
60	0,8660	8669	8678	8686	8695	8704	8712	8721	8729	8738	8746	29	11
61	8746	8755	8763	8771	8780	8788	8796	8805	8813	8821	8829	28	·
62	8829	8838	8846	8854	8862	8870	8878	8886	8894	8902	8910	27	·
63	8910	8918	8926	8934	8942	8949	8957	8965	8973	8980	8988	26	13
64	8988	8996	*9003*	9011	9018	9026	9033	9041	9048	9056	9063	25	·
65	0,9063	9070	9078	9085	9092	9100	9107	9114	9121	9128	9135	24	14
66	9135	9143	9150	9157	9164	9171	9178	9184	9191	9198	9205	23	·
67	9205	9212	9219	9225	9232	9239	9245	9252	9259	9265	9272	22	·
68	9272	9278	9285	9291	9298	9304	9311	9317	9323	9330	9336	21	17
69	9336	9342	9348	9354	9361	9367	9373	9379	9385	9391	9397	**20**	·
70	0,9397	9403	9409	9415	9421	9426	9432	9438	9444	9449	9455	19	17
71	9455	9461	9466	9472	9478	9483	9489	9494	9500	9505	9511	18	·
72	9511	9516	9521	9527	9532	9537	9542	9548	9553	9558	9563	17	20
73	9563	9568	9573	9578	9583	9588	9593	9598	9603	9608	9613	16	·
74	9613	9617	9622	9627	9632	9636	9641	9646	9650	9655	9659	15	25
75	0,9659	9664	9668	9673	9677	9681	9686	9690	9694	9699	9703	14	25
76	9703	9707	9711	9715	9720	9724	9728	9732	9736	9740	9744	13	·
77	9744	9748	9751	9755	9759	9763	9767	9770	9774	9778	9781	12	·
78	9781	9785	9789	9792	9796	9799	9803	9806	9810	9813	9816	11	·
79	9816	9820	9823	9826	9829	9833	9836	9839	9842	9845	9848	**10**	·
80	0,9848	9851	9854	9857	9860	9863	9866	9869	9871	9874	9877	9	33
81	9877	9880	9882	9885	9888	9890	9893	9895	9898	9900	9903	8	·
82	9903	9905	9907	9910	9912	9914	9917	9919	9921	9923	9925	7	·
83	9925	9928	9930	9932	9934	9936	9938	9940	9942	9943	9945	6	·
84	9945	9947	9949	9951	9952	9954	9956	9957	9959	9960	9962	5	50
85	0,9962	9963	9965	9966	9968	9969	9971	9972	9973	9974	9976	4	0,1
86	9976	9977	9978	9979	9980	9981	9982	9983	9984	9985	9986	3	·
87	9986	9987	9988	9989	9990	9990	9991	9992	9993	9993	9994	2	·
88	9994	9995	9995	9996	9996	9997	9997	9997	9998	9998	9998	1	
89	0,9998	9999	9999	9999	9999	1,0000	1,0000	1,0000	1,0000	1,0000	1,0000	**0**	
	1,0	,9	,8	,7	,6	,5	,4	,3	,2	,1	,0	Grad	↑
	60	54	48	42	36	30	24	18	12	6	0	Min.	

Gm V = $\delta_1 y = D \cdot 10^{-4} : 10$

Kosinus $0^0 \rightarrow 45^0$

sin x, cos x

tg x, cotg x

Z Taf. 4 **Tangens $0^0 \to 45^0$**

Min.	0	6	12	18	24	30	36	42	48	54	60		
Grad	,0	,1	,2	,3	,4	,5	,6	,7	,8	,9	1,0	↑	U⁰
0	0,*0000*	0017	0035	0052	0070	0087	0105	0122	0140	0157	0175	89	0,00 6
1	0175	0192	0209	0227	0244	0262	0279	0297	0314	0332	0349	88	·
2	0349	0367	0384	0402	0419	0437	0454	0472	0489	0507	0524	87	·
3	0524	0542	0559	0577	0594	0612	0629	0647	0664	0682	0699	86	·
4	0699	0717	0734	0752	0769	0787	0805	0822	0840	0857	0875	85	·
5	0,0875	0892	0910	0928	0945	0963	0981	0998	*1016*	1033	1051	84	6
6	1051	1069	1086	1104	1122	1139	1157	1175	1192	1210	1228	83	·
7	1228	1246	1263	1281	1299	1317	1334	1352	1370	1388	1405	82	·
8	1405	1423	1441	1459	1477	1495	1512	1530	1548	1566	1584	81	·
9	1584	1602	1620	1638	1655	1673	1691	1709	1727	1745	1763	**80**	·
10	0,1763	1781	1799	1817	1835	1853	1871	1890	1908	1926	1944	79	6
11	1944	1962	1980	1998	*2016*	2035	2053	2071	2089	2107	2126	78	·
12	2126	2144	2162	2180	2199	2217	2235	2254	2272	2290	2309	77	·
13	2309	2327	2345	2364	2382	2401	2419	2438	2456	2475	2493	76	·
14	2493	2512	2530	2549	2568	2586	2605	2623	2642	2661	2679	75	5
15	0,2679	2698	2717	2736	2754	2773	2792	2811	2830	2849	2867	74	5
16	2867	2886	2905	2924	2943	2962	2981	*3000*	3019	3038	3057	73	·
17	3057	3076	3096	3115	3134	3153	3172	3191	3211	3230	3249	72	·
18	3249	3269	3288	3307	3327	3346	3365	3385	3404	3424	3443	71	·
19	3443	3463	3482	3502	3522	3541	3561	3581	3600	3620	3640	**70**	·
20	0,3640	3659	3679	3699	3719	3739	3759	3779	3799	3819	3839	69	5
21	3839	3859	3879	3899	3919	3939	3959	3979	*4000*	4020	4040	68	·
22	4040	4061	4081	4101	4122	4142	4163	4183	4204	4224	4245	67	·
23	4245	4265	4286	4307	4327	4348	4369	4390	4411	4431	4452	66	·
24	4452	4473	4494	4515	4536	4557	4578	4599	4621	4642	4663	65	·
25	0,4663	4684	4706	4727	4748	4770	4791	4813	4834	4856	4877	64	5
26	4877	4899	4921	4942	4964	4986	*5008*	5029	5051	5073	5095	63	·
27	5095	5117	5139	5161	5184	5206	5228	5250	5272	5295	5317	62	·
28	5317	5340	5362	5384	5407	5430	5452	5475	5498	5520	5543	61	4
29	5543	5566	5589	5612	5635	5658	5681	5704	5727	5750	5774	**60**	·
30	0,5774	5797	5820	5844	5867	5890	5914	5938	5961	5985	6009	59	4
31	*6009*	6032	6056	6080	6104	6128	6152	6176	6200	6224	6249	58	·
32	6249	6273	6297	6322	6346	6371	6395	6420	6445	6469	6494	57	·
33	6494	6519	6544	6569	6594	6619	6644	6669	6694	6720	6745	56	·
34	6745	6771	6796	6822	6847	6873	6899	6924	6950	6976	7002	55	·
35	0,*7002*	7028	7054	7080	7107	7133	7159	7186	7212	7239	7265	54	4
36	7265	7292	7319	7346	7373	7400	7427	7454	7481	7508	7536	53	·
37	7536	7563	7590	7618	7646	7673	7701	7729	7757	7785	7813	52	·
38	7813	7841	7869	7898	7926	7954	7983	*8012*	8040	8069	8098	51	·
39	8098	8127	8156	8185	8214	8243	8273	8302	8332	8361	8391	**50**	3
40	0,8391	8421	8451	8481	8511	8541	8571	8601	8632	8662	8693	49	3
41	8693	8724	8754	8785	8816	8847	8878	8910	8941	8972	9004	48	·
42	*9004*	9036	9067	9099	9131	9163	9195	9228	9260	9293	9325	47	·
43	9325	9358	9391	9424	9457	9490	9523	9556	9590	9623	9657	46	·
44	0,9657	9691	9725	9759	9793	9827	9861	9896	9930	9965	1,0000	45	·
	1,0	,9	,8	,7	,6	,5	,4	,3	,2	,1	,0	Grad	↑
	60	54	48	42	36	30	24	18	12	6	0	Min.	

Gm U $= \delta_1 x = 0{,}1^0 : D$ **Kotangens $45^0 \to 90^0$**

Tangens $45^0 \rightarrow 90^0$

sin *x*, cos *x*
tg *x*, cotg *x*

Min.	0	6	12	18	24	30	36	42	48	54	60		
Grad	,0	,1	,2	,3	,4	,5	,6	,7	,8	,9	1,0		U⁰
45	*1,000*	1,003	1,007	1,011	1,014	1,018	1,021	1,025	1,028	1,032	1,036	44	0,0 3
46	1,036	1,039	1,043	1,046	1,050	1,054	1,057	1,061	1,065	1,069	1,072	43	·
47	1,072	1,076	1,080	1,084	1,087	1,091	1,095	1,099	1,103	1,107	1,111	42	·
48	1,111	1,115	1,118	1,122	1,126	1,130	1,134	1,138	1,142	1,146	1,150	41	·
49	1,150	1,154	1,159	1,163	1,167	1,171	1,175	1,179	1,183	1,188	1,192	40	·
50	1,192	1,196	1,200	1,205	1,209	1,213	1,217	1,222	1,226	1,230	1,235	39	3
51	1,235	1,239	1,244	1,248	1,253	1,257	1,262	1,266	1,271	1,275	1,280	38	·
52	1,280	1,285	1,289	1,294	1,299	1,303	1,308	1,313	1,317	1,322	1,327	37	2
53	1,327	1,332	1,337	1,342	1,347	1,351	1,356	1,361	1,366	1,371	1,376	36	·
54	1,376	1,381	1,387	1,392	1,397	1,402	1,407	1,412	1,418	1,423	1,428	35	·
55	1,428	1,433	1,439	1,444	1,450	1,455	1,460	1,466	1,471	1,477	1,483	34	2
56	1,483	1,488	1,494	1,499	1,505	1,511	1,517	1,522	1,528	1,534	1,540	33	·
57	1,540	1,546	1,552	1,558	1,564	1,570	1,576	1,582	1,588	1,594	1,600	32	·
58	1,600	1,607	1,613	1,619	1,625	1,632	1,638	1,645	1,651	1,658	1,664	31	1
59	1,664	1,671	1,678	1,684	1,691	1,698	1,704	1,711	1,718	1,725	1,732	30	·
60	1,732	1,739	1,746	1,753	1,760	1,767	1,775	1,782	1,789	1,797	1,804	29	1
61	1,804	1,811	1,819	1,827	1,834	1,842	1,849	1,857	1,865	1,873	1,881	28	·
62	1,881	1,889	1,897	1,905	1,913	1,921	1,929	1,937	1,946	1,954	1,963	27	·
63	1,963	1,971	1,980	1,988	1,997	*2,006*	2,014	2,023	2,032	2,041	2,050	26	·
64	2,050	2,059	2,069	2,078	2,087	2,097	2,106	2,116	2,125	2,135	2,145	25	·
65	2,145	2,154	2,164	2,174	2,184	2,194	2,204	2,215	2,225	2,236	2,246	24	1
66	2,246	2,257	2,267	2,278	2,289	2,300	2,311	2,322	2,333	2,344	2,356	23	·
67	2,356	2,367	2,379	2,391	2,402	2,414	2,426	2,438	2,450	2,463	2,475	22	·
68	2,475	2,488	2,500	2,513	2,526	2,539	2,552	2,565	2,578	2,592	2,605	21	0,00 8
69	2,605	2,619	2,633	2,646	2,660	2,675	2,689	2,703	2,718	2,733	2,747	20	7
70	2,747	2,762	2,778	2,793	2,808	2,824	2,840	2,856	2,872	2,888	2,904	19	7
71	2,904	2,921	2,937	2,954	2,971	2,989	*3,006*	3,024	3,042	3,060	3,078	18	6
72	3,078	3,096	3,115	3,133	3,152	3,172	3,191	3,211	3,230	3,251	3,271	17	·
73	3,271	3,291	3,312	3,333	3,354	3,376	3,398	3,420	3,442	3,465	3,487	16	5
74	3,487	3,511	3,534	3,558	3,582	3,606	3,630	3,655	3,681	3,706	3,732	15	4
75	3,732	3,758	3,785	3,812	3,839	3,867	3,895	3,923	3,952	3,981	4,011	14	4
76	*4,011*	4,041	4,071	4,102	4,134	4,165	4,198	4,230	4,264	4,297	4,331	13	3
77	4,331	4,366	4,402	4,437	4,474	4,511	4,548	4,586	4,625	4,665	4,705	12	·
78	4,705	4,745	4,787	4,829	4,872	4,915	4,959	*5,005*	5,050	5,097	5,145	11	·
79	5,145	5,193	5,242	5,292	5,343	5,396	5,449	5,503	5,558	5,614	5,671	10	2
80	5,671	5,730	5,789	5,850	5,912	5,976	*6,041*	6,107	6,174	6,243	6,314	9	2
81	6,314	6,386	6,460	6,535	6,612	6,691	6,772	6,855	6,940	*7,026*	7,115	8	1
82	7,115	7,207	7,300	7,396	7,495	7,596	7,700	7,806	7,916	*8,028*	8,144	7	·
83	8,144	8,264	8,386	8,513	8,643	8,777	8,915	*9,058*	9,205	9,357	9,514	6	·
84	9,514	9,677	9,845	*10,02*	10,20	10,39	10,58	10,78	10,99	11,20	11,43	5	0
85	11,43	11,66	11,91	12,16	12,43	12,71	13,00	13,30	13,62	13,95	14,30	4	
86	14,30	14,67	15,06	15,46	15,89	16,35	16,83	17,34	17,89	18,46	19,08	3	
87	19,08	19,74	*20,45*	21,20	22,02	22,90	23,86	24,90	26,03	27,27	28,64	2	
88	28,64	*30,14*	31,82	33,69	35,80	38,19	*40,92*	44,07	47,74	*52,08*	57,29	1	
89	57,29	63,66	71,62	81,85	95,49	114,6	143,2	191,0	286,5	573,0	—	0	
	1,0	,9	,8	,7	,6	,5	,4	,3	,2	,1	,0	Grad	
	60	54	48	42	36	30	24	18	12	6	0	Min.	

Gm $V = \delta_1 y = D \cdot 10^{-s} : 10$

Kotangens $0^0 \rightarrow 45^0$

Aufzinsungsfaktoren $q^n = (1{,}0\,p)^n$

Jahr	1%	2%	3%	3½%	4%	4½%	5%	6%	8%	Jahr
1	1,01000	1,02000	1,03000	1,03500	1,04000	1,04500	1,05000	1,06000	1,08000	1
2	02010	04040	06090	07123	08160	09203	10250	12360	16640	2
3	03030	06121	09273	10872	12486	14117	15763	19102	25971	3
4	04060	08243	12551	14752	16986	19252	21551	26248	36049	4
5	05101	10408	15927	18769	21665	24618	27628	33823	46933	5
6	1,06152	1,12616	1,19405	1,22926	1,26532	1,30226	1,34010	1,41852	1,58687	6
7	07214	14869	22987	27228	31593	36086	40710	50363	71382	7
8	08286	17166	26677	31681	36857	42210	47746	59385	85093	8
9	09369	19509	30477	36290	42331	48610	55133	68948	99900	9
10	10462	21899	34392	41060	48024	55297	62889	79085	2,15893	**10**
11	1,11567	1,24337	1,38423	1,45997	1,53945	1,62285	1,71034	1,89830	2,33164	11
12	12683	26824	42576	51107	60103	69588	79586	2,01220	51817	12
13	13809	29361	46853	56396	66507	77220	88565	13293	71962	13
14	14947	31948	51259	61869	73168	85194	97993	26090	93719	14
15	16097	34587	55797	67535	80094	93528	2,07893	39656	3,17217	15
16	1,17258	1,37279	1,60471	1,73399	1,87298	2,02237	2,18287	2,54035	3,42594	16
17	18430	40024	65285	79468	94790	11338	29202	69277	70002	17
18	19615	42824	70243	85749	2,02582	20848	40662	85434	99602	18
19	20811	45681	75351	92250	10685	30786	52695	3,02560	4,31570	19
20	22019	48595	80611	98979	19112	41171	65330	20714	66096	**20**
21	1,23239	1,51567	1,86029	2,05943	2,27877	2,52024	2,78596	3,39956	5,03383	21
22	24472	54598	91610	13151	36992	63365	92526	60354	43654	22
23	25716	57690	97359	20611	46472	75217	3,07152	81975	87146	23
24	26973	60844	2,03279	28333	56330	87601	22510	4,04893	6,34118	24
25	28243	64061	09378	36325	66584	3,00543	38635	29187	84848	25
26	1,29526	1,67342	2,15659	2,44596	2,77247	3,14068	3,55567	4,54938	7,39635	26
27	30821	70689	22129	53157	88337	28201	73346	82235	98806	27
28	32129	74102	28793	62017	99870	42970	92013	5,11169	8,62711	28
29	33450	77584	35657	71188	3,11865	58404	4,11614	41839	9,31727	29
30	34785	81136	42726	80679	24340	74532	32194	74349	10,06266	**30**
31	1,36133	1,84795	2,50008	2,90503	3,37313	3,91386	4,53804	6,08810	10,86767	31
32	37494	88454	57508	3,00671	50806	4,08998	76494	45339	11,73708	32
33	38869	92223	65234	11194	64838	27403	5,00319	84059	12,67605	33
34	40258	96068	73191	22086	79432	46636	25335	7,25103	13,69013	34
35	41660	99989	81386	33359	94609	66735	51602	68609	14,78534	35
36	1,43077	2,03989	2,89828	3,45027	4,10393	4,87738	5,79182	8,14725	15,96817	36
37	44508	08069	98523	57103	26809	5,09686	6,08141	63609	17,24563	37
38	45953	12230	3,07478	69601	43881	32622	38548	9,15425	18,62528	38
39	47412	16474	16703	82537	61637	56590	70475	70351	20,11530	39
40	48886	20804	26204	95926	80102	81636	7,03999	10,28572	21,72452	**40**
41	1,50375	2,25220	3,35990	4,09783	4,99306	6,07810	7,39199	10,90286	23,46248	41
42	51879	29724	46070	24126	5,19278	35162	76159	11,55703	25,33948	42
43	53398	34319	56452	38970	40050	63744	8,14967	12,25045	27,36664	43
44	54932	39005	67145	54334	61652	93612	55715	98548	29,55597	44
45	56481	43785	78160	70236	84118	7,24825	98501	13,76461	31,92045	45
46	1,58046	2,48661	3,89504	4,86694	6,07482	7,57442	9,43426	14,59049	34,47409	46
47	59626	53634	4,01190	5,03728	31782	91527	90597	15,46592	37,23201	47
48	61223	58707	13225	21359	57053	8,27146	10,40127	16,39387	40,21057	48
49	62835	63881	25622	39606	83335	64367	92133	17,37750	43,42742	49
50	1,64463	2,69159	4,38391	5,58493	7,10668	9,03264	11,46740	18,42015	46,90161	**50**
Jahr	1%	2%	3%	3½%	4%	4½%	5%	6%	8%	Jahr

Werte der Kapitaleinheit nach n Jahren. Zinsberechnung mit Hilfe des Zinsdivisors siehe S. 20

Renten

Sterbetafel

Jahr	1%	2%	3%	3½%	4%	4½%	5%	6%	8%	Jahr
1	1,000	1,000	1,000	1,000	1,000	1,000	1,000	1,000	1,000	1
2	2,010	2,020	2,030	2,035	2,040	2,045	2,050	2,060	2,080	2
3	3,030	3,061	3,091	3,106	3,122	3,137	3,153	3,184	3,246	3
4	4,060	4,122	4,184	4,215	4,247	4,278	4,310	4,375	4,506	4
5	5,101	5,204	5,309	5,363	5,416	5,471	5,526	5,637	5,867	5
6	6,152	6,308	6,468	6,550	6,633	6,717	6,802	6,975	7,336	6
7	7,214	7,435	7,662	7,779	7,898	8,019	8,142	8,394	8,923	7
8	8,286	8,583	8,892	9,052	9,214	9,380	9,549	9,898	10,637	8
9	9,369	9,755	10,159	10,369	10,583	10,802	11,027	11,491	12,488	9
10	10,462	10,950	11,464	11,731	12,006	12,288	12,578	13,181	14,487	10
11	11,567	12,169	12,808	13,142	13,486	13,841	14,207	14,972	16,646	11
12	12,683	13,412	14,192	14,602	15,026	15,464	15,917	16,870	18,977	12
13	13,809	14,681	15,618	16,113	16,627	17,160	17,713	18,882	21,495	13
14	14,947	15,974	17,086	17,677	18,292	18,932	19,599	21,015	24,215	14
15	16,097	17,294	18,599	19,296	20,024	20,784	21,579	23,276	27,152	15
16	17,258	18,640	20,157	20,971	21,825	22,719	23,657	25,673	30,324	16
17	18,430	20,012	21,762	22,705	23,698	24,742	25,840	28,213	33,750	17
18	19,615	21,412	23,414	24,500	25,646	26,855	28,132	30,906	37,450	18
19	20,811	22,841	25,117	26,357	27,671	29,064	30,539	33,760	41,446	19
20	22,019	24,298	26,870	28,280	29,778	31,371	33,066	36,786	45,762	20
21	23,239	25,784	28,676	30,269	31,969	33,783	35,719	39,993	50,423	21
22	24,472	27,299	30,537	32,329	34,248	36,303	38,505	43,392	55,457	22
23	25,716	28,845	32,453	34,460	36,618	38,937	41,430	46,996	60,893	23
24	26,973	30,422	34,426	36,667	39,083	41,689	44,502	50,816	66,765	24
25	28,243	32,031	36,459	38,950	41,646	44,565	47,727	54,865	73,106	25
26	29,526	33,671	38,553	41,313	44,312	47,571	51,113	59,156	79,954	26
27	30,821	35,345	40,710	43,759	47,084	50,711	54,669	63,706	87,351	27
28	32,129	37,051	42,931	46,291	49,968	53,993	58,403	68,528	95,339	28
29	33,450	38,792	45,219	48,911	52,966	57,423	62,323	73,640	103,966	29
30	34,785	40,568	47,575	51,623	56,085	61,007	66,439	79,058	113,283	30
31	36,133	42,398	50,003	54,429	59,328	64,752	70,761	84,802	123,346	31
32	37,494	44,227	52,503	57,335	62,702	68,666	75,299	90,890	134,214	32
33	38,869	46,112	55,078	60,341	66,210	72,756	80,064	97,343	145,951	33
34	40,258	48,034	57,730	63,453	69,858	77,030	85,067	104,184	158,627	34
35	41,660	49,995	60,462	66,674	73,652	81,497	90,320	111,435	172,317	35
36	43,077	51,995	63,276	70,008	77,598	86,164	95,836	119,121	187,102	36
37	44,508	54,035	66,174	73,458	81,702	91,041	101,628	127,268	203,070	37
38	45,953	56,115	69,159	77,029	85,970	96,138	107,710	135,904	220,316	38
39	47,412	58,237	72,234	80,725	90,409	101,464	114,095	145,059	238,941	39
40	48,886	60,402	75,401	84,550	95,026	107,030	120,800	154,762	259,057	40
41	50,375	62,610	78,663	88,509	99,827	112,847	127,840	165,048	280,781	41
42	51,879	64,862	82,023	92,607	104,820	118,925	135,232	175,951	304,244	42
43	53,398	67,160	85,484	96,849	110,013	125,276	142,993	187,508	329,583	43
44	54,932	69,503	89,048	101,238	115,413	131,914	151,143	199,758	356,950	44
45	56,481	71,893	92,720	105,782	121,030	138,850	159,700	212,744	386,506	45
46	58,046	74,331	96,501	110,484	126,871	146,098	168,685	226,508	418,426	46
47	59,626	76,817	100,397	115,351	132,946	153,673	178,119	241,099	452,900	47
48	61,223	79,354	104,408	120,388	139,263	161,588	188,025	256,565	490,132	48
49	62,835	81,941	108,541	125,602	145,834	169,859	198,427	272,958	530,343	49
50	64,463	84,580	112,797	130,998	152,667	178,503	209,348	290,336	573,770	50
Jahr	1%	2%	3%	3½%	4%	4½%	5%	6%	8%	Jahr

Endwert der Rente 1.

Renten

Sterbetafel

Z Taf. 7

Allgemeine Deutsche Sterbetafel f. d. Jahre 1924—1926

bei einem Zins von $p = 4\frac{1}{2}\%$

Alter x Jahre	Überlebende l_x	Diskont. Zahl der l_x $D_x = l_x : q^x$ *)	Summe d. disk. Z. *) $N_x = \sum_x^{100} D_x$
0	100000	100000	1833757
1	88462	84653	1743647
2	87030	79696	1658994
3	86477	75780	1579298
4	86127	72223	1503518
5	85855	68894	1431295
6	85647	65768	1362401
7	85477	62811	1296633
8	85330	60003	1233822
9	85197	57329	1173819
10	85070	54779	1116490
11	84950	52346	1061711
12	84837	50025	1009365
13	84726	47808	959340
14	84607	45685	911532
15	84469	43647	865847
16	84306	41687	822200
17	84110	39799	780513
18	83874	37978	740714
19	83592	36221	702736
20	83268	34526	666515
21	82912	32898	631989
22	82539	31340	599091
23	82162	29854	567751
24	81792	28439	537897
25	81429	27094	509458
26	81072	25814	482364
27	80721	24595	456550
28	80380	23436	431955
29	80049	22335	408519
30	79726	21287	386184
31	79404	20288	364897
32	79080	19335	344609
33	78758	18427	325274
34	78436	17561	306847
35	78111	16736	289286
36	77779	15947	272550
37	77433	15192	256603
38	77073	14470	241411
39	76701	13781	226941
40	76313	13120	213160
41	75905	12488	200040
42	75473	11882	187552
43	75016	11302	175670
44	74536	10746	164368
45	74032	10214	153622
46	73496	9703	143408
47	72927	9213	133705
48	72326	8744	124492
49	71688	8294	115748

Alter x Jahre	Überlebende l_x	Diskont. Zahl der l_x $D_x = l_x : q^x$ *)	Summe d. disk. Z. *) $N_x = \sum_x^{100} D_x$
50	71006	7861	107454
51	70274	7445	99593
52	69497	7046	92148
53	68670	6662	85102
54	67780	6292	78440
55	66818	5936	72148
56	65784	5593	66212
57	64678	5262	60619
58	63495	4943	55357
59	62232	4636	50414
60	60883	4340	45778
61	59444	4055	41438
62	57914	3781	37383
63	56285	3516	33602
64	54553	3261	30086
65	52715	3016	26825
70	41906	1924	14024
80	16066	475	2172
90	1599	30,4	89,0
100	20	0,245	0,245

Die vorliegende Tafel gilt für das männliche Geschlecht; für das weibliche ist die Sterblichkeit etwas geringer. — Bezeichnungen:

$$\frac{p}{100} = i;\; q = 1 + i;\; d = \frac{q-1}{q} = \frac{i}{1+i}.$$

Für eine Person im Alter von x Jahren ist

I. der **Barwert einer vorschüssigen Leibrente vom Betrage 1**

a) mit sofort beginnendem Rentenlauf

$$a_x = \frac{N_x}{D_x},$$

b) mit aufgeschobenem, nach m Jahren beginnendem Rentenlauf

$$_{m|}a_x = \frac{N_{x+m}}{D_x},$$

c) mit abgekürztem Rentenlauf, höchstens n Jahre zahlbar, $_{|n}a_x = \frac{N_x - N_{x+n}}{D_x}$,

II. a) für eine **einfache Lebensversicherung** (Todesfallvers.) vom Betrag 1:

1. die **Einmalprämie**

$$A_x = 1 - d\frac{N_x}{D_x} = 1 - d a_x,$$

2. die **vorsch. Jahresprämie**

$$P_x = \frac{D_x}{N_x} - d = \frac{1}{a_x} - d,$$

b) für eine **abgek. Lebensversicherung** (gemischte Versich.) v. Betrage 1, spätestens zahlb. nach vollend. $(x + n)$tem Lebensj.:

1. die **Einmalprämie**

$$A_{x\overline{n}|} = \frac{D_x - d(N_x - N_{x+n})}{D_x} = 1 - d \cdot {}_{|n}a_x,$$

2. die **vorsch. Jahresprämie**

$$P_{x\overline{n}|} = \frac{D_x - d \cdot (N_x - N_{x+n})}{N_x - N_{x+n}} = \frac{1}{_{|n}a_x} - d$$

Bemerk.: Die angew. Bezeichnungen sind international.

*) Frühere Bezeichnung $v_x = l_x : q^x$; $\sum v_x$ statt N_x.

n	$\sqrt{n}$	$\sqrt[3]{n}$	$\frac{100}{n}$	Bogen $\frac{\pi n}{180}$	Inhalt $\frac{\pi n^2}{4}$	n	$\sqrt{n}$	$\sqrt[3]{n}$	$\frac{100}{n}$	Bogen $\frac{\pi n}{180}$	Inhalt $\frac{\pi n^2}{4}$
1	1,000	1,000	100,00	0,0175	0,7854	51	7,141	3,708	1,961	0,8901	2043
2	414	260	50,00	0349	3,142	52	211	733	923	9076	2124
3	732	442	33,33	0524	7,069	53	280	756	887	9250	2206
4	2,000	587	25,00	0698	12,57	54	348	780	852	9425	2290
5	236	710	20,00	0873	19,63	55	416	803	818	9599	2376
6	2,449	1,817	16,67	0,1047	28,27	56	7,483	3,826	1,786	0,9774	2463
7	646	913	14,29	1222	38,48	57	550	849	754	9948	2552
8	828	2,000	12,50	1396	50,27	58	616	871	724	1,0123	2642
9	3,000	080	11,11	1571	63,62	59	681	893	695	0297	2734
10	162	154	10,00	1745	78,54	**60**	746	915	667	0472	2827
11	3,317	2,224	9,091	0,1920	95,03	61	7,810	3,936	1,639	1,0647	2922
12	464	289	8,333	2094	113,1	62	874	958	613	0821	3019
13	606	351	7,692	2269	132,7	63	937	979	587	0996	3117
14	742	410	7,143	2443	153,9	64	8,000	4,000	563	1170	3217
15	873	466	6,667	2618	176,7	65	062	021	538	1345	3318
16	4,000	2,520	6,250	0,2793	201,1	66	8,124	4,041	1,515	1,1519	3421
17	123	571	5,882	2967	227,0	67	185	062	493	1694	3526
18	243	621	556	3142	254,5	68	246	082	471	1868	3632
19	359	668	263	3316	283,5	69	307	102	449	2043	3739
20	472	714	000	3491	314,2	**70**	367	121	429	2217	3848
21	4,583	2,759	4,762	0,3665	346,4	71	8,426	4,141	1,408	1,2392	3959
22	690	802	545	3840	380,1	72	485	160	389	2566	4072
23	796	844	348	4014	415,5	73	544	179	370	2741	4185
24	899	884	167	4189	452,4	74	602	198	351	2915	4301
25	5,000	924	000	4363	490,9	75	660	217	333	3090	4418
26	5,099	2,962	3,846	0,4538	530,9	76	8,718	4,236	1,316	1,3265	4536
27	196	3,000	704	4712	572,6	77	775	254	299	3439	4657
28	292	037	571	4887	615,8	78	832	273	282	3614	4778
29	385	072	448	5061	660,5	79	888	291	266	3788	4902
30	477	107	333	5236	706,9	**80**	944	309	250	3963	5027
31	5,568	3,141	3,226	0,5411	754,8	81	9,000	4,327	1,235	1,4137	5153
32	657	175	125	5585	804,2	82	055	344	220	4312	5281
33	745	208	030	5760	855,3	83	110	362	205	4486	5411
34	831	240	2,941	5934	907,9	84	165	380	190	4661	5542
35	916	271	857	6109	962,1	85	220	397	176	4835	5675
36	6,000	3,302	2,778	0,6283	1018	86	9,274	4,414	1,163	1,5010	5809
37	083	332	703	6458	1075	87	327	431	149	5184	5945
38	164	362	632	6632	1134	88	381	448	136	5359	6082
39	245	391	564	6807	1195	89	434	465	124	5533	6221
40	325	420	500	6981	1257	**90**	487	481	111	5708	6362
41	6,403	3,448	2,439	0,7156	1320	91	9,539	4,498	1,099	1,5883	6504
42	481	476	381	7330	1385	92	592	514	087	6057	6648
43	557	503	326	7505	1452	93	644	531	075	6232	6793
44	633	530	273	7679	1521	94	695	547	064	6406	6940
45	708	557	222	7854	1590	95	747	563	053	6581	7088
46	6,782	3,583	2,174	0,8029	1662	96	9,798	4,579	1,042	1,6755	7238
47	856	609	128	8203	1735	97	849	595	031	6930	7390
48	928	634	083	8378	1810	98	899	610	020	7104	7543
49	7,000	659	041	8552	1886	99	950	626	010	7279	7698
50	7,071	3,684	000	0,8727	1963	**100**	10,000	4,642	1,000	1,7453	7854

Mathematische Konstanten. Exponentialfunktionen

Größe	n	$\lg n$	Größe	n	$\lg n$	
π	3,1416	0.4971	$\sqrt{\pi}$	1,7725	0,2486	$\pi = 3{,}14\,159\,265\cdots$
2π	6,2832	0.7982	$\sqrt{2\pi}$	2,5066	0.3991	$\pi \approx \frac{22}{7}$
4π	12,5664	1.0992	$\text{arc } 1^0 = \frac{\pi}{180}$	0,01745	$\bar{2}.2419$	$\frac{22}{7} = 3{,}14(29)\cdots$ (Archimedes)
$\pi:2$	1,5708	0.1961	$\text{arc } 1' = \frac{\pi}{10800}$	$0{,}2909\cdot 10^{-3}$	$\bar{4}.4637$	$e = 2{,}71\,828\cdots$
$\pi:3$	1,0472	0.0200	$\varrho^0 = \frac{180^0}{\pi}$	$57{,}3^0$	1.7581	
$\pi:4$	0,7854	$\bar{1}.8951$	$\varrho' = \frac{10800'}{\pi}$	3438′	3.5363	
$\pi:6$	0,5236	$\bar{1}.7190$				
$4\pi:3$	4,1888	0.6261				
$1:\pi$	0,3183	$\bar{1}.5029$				
π^2	9,8696	0.9943				

Mathem. Konstanten e^{+x}

Binomialkoeffizienten. Fakultäten. Potenzen von 2 und 3

$\binom{p}{n}$	$p=2$	3	4	5	6	7	8	9	10	11	12	$n!$	2^n	3^n
$n=2$	1	3	6	10	15	21	28	36	45	55	66	2	4	9
3	0	1	4	10	20	35	56	84	120	165	220	6	8	27
4	0	0	1	5	15	35	70	126	210	330	495	24	16	81
5	0	0	0	1	6	21	56	126	252	462	792	120	32	243
6	0	0	0	0	1	7	28	84	210	462	924	720	64	729
7	0	0	0	0	0	1	8	36	120	330	792	5 040	128	2 187
8	0	0	0	0	0	0	1	9	45	165	495	40 320	256	6 561
9	0	0	0	0	0	0	0	1	10	55	220	362 880	512	19 683
10	0	0	0	0	0	0	0	0	1	11	66	3 628 800	1024	59 049

$\binom{p}{0} \equiv 1;\quad \binom{p}{1} = p;\quad \binom{p}{n} = \binom{p}{p-n};\quad \binom{p}{p} = 1;\quad \binom{p}{n} = 0$ für $n > p$;

$0! = 1! = 1;\quad n! = 1\cdot 2\cdot \ldots\cdot n$

Minuten und Sekunden als Dezimalgrade

Min ↓ →	0′	10′	20′	30′	40′	50′
0	0,000	0,166·	0,333·	0,500	0,666·	0,833·
1	016·	183·	350	516·	683·	850
2	033·	200	366·	533·	700	866·
3	050	216·	383·	550	716·	883
4	066·	233·	400	566·	733·	900
5	0,083·	0,250	0,416·	0,583·	0,750	0,916·
6	100	266·	433·	600	766·	933·
7	116·	283·	450	616·	783·	950
8	133·	300	466·	633·	800	966·
9	150	316·	483·	650	816·	983·

$0{,}1^0 = 6'$ | $0{,}01^0 = 36''$ | $0{,}001^0 = 3{,}6''$

Sek ↓ →	0″	10″	20″	30″	40″	50″
0	0,0000	0,0028	0,0056	0,0083	0,0111	0,0139
1	03	31	58	86	114	142
2	06	33	61	89	117	144
3	08	36	64	92	119	147
4	11	39	67	94	122	150
5	0,0014	0,0042	0,0069	0,0097	0,0125	0,0153
6	17	44	72	100	128	156
7	19	47	75	103	131	158
8	22	50	78	106	133	161
9	25	53	81	108	136	164

Exponentialfunktionen e^{+x} und e^{-x}

x ↓	,0	,1	,2	,3	,4	,5	,6	,7	,8	,9
e^{+x}										
0	1,00	1,11	1,22	1,35	1,49	1,65	1,82	2,01	2,23	2,46
1	2,72	3,00	3,32	3,67	4,06	4,48	4,95	5,47	6,05	6,69
2	7,39	8,17	9,02	9,97	11,0	12,2	13,5	14,9	16,4	18,2
3	20,1	22,2	24,5	27,1	30,0	33,1	36,6	40,4	44,7	49,4
4	54,6	60,3	66,7	73,7	81,5	90,0	99,5	109,9	121,5	134,3
e^{-x}										
0	1,000	0,905	0,819	0,741	0,670	0,607	0,549	0,497	0,449	0,407
1	0,368	333	301	273	247	223	202	183	165	150
2	135	122	111	100	091	082	074	067	061	055
3	050	045	041	037	033	030	027	025	022	020
4	0,018	0,017	0,015	0,014	0,012	0,011	0,010	0,009	0,008	0,007

Beisp. $e^{2,7} = 14{,}9$; $e^{3,62} = 36{,}6 + 0{,}8 = 37{,}4$; $e^{-2,75} = 0{,}064$

$e^{-\frac{1}{2}x^2}$ für $x = 1{,}8$; $\frac{1}{2}x^2 = 1{,}62$; $e^{-1.62} = 0{,}198$

$\ln 30 = 3{,}40$

$\ln 15{,}6 = 2{,}75$

Perioden-System der Elemente

Gruppe		0	I a b	II a b	III a b	IV a b	V a b	VI a b	VII a b	VIII	0
Vorperiode			**1 H** 1,0080								**2 He** 4,003
Kleine Perioden	1	**2 He** 4,003	**3 Li** 6,940	**4 Be** 9,013	**5 B** 10,82	**6 C** 12,010	**7 N** 14,008	**8 O** 16,0000	**9 F** 19,00		**10 Ne** 20,183
	2	**10 Ne** 20,183	**11 Na** 22,997	**12 Mg** 24,32	**13 Al** 26,98	**14 Si** 28,09	**15 P** 30,975	**16 S** 32,066	**17 Cl** 35,457		**18 Ar** 39,944
Große Perioden	3	**18 Ar** 39,944	**19 K** 39,100 **29 Cu** 63,54	**20 Ca** 40,08 **30 Zn** 65,38	**21 Sc** 44,96 **31 Ga** 69,72	**22 Ti** 47,90 **32 Ge** 72,60	**23 V** 50,95 **33 As** 74,91	**24 Cr** 52,01 **34 Se** 78,96	**25 Mn** 54,93 **35 Br** 79,916	**26 Fe** **27 Co** **28 Ni** 55,85 58,94 58,69	**36 Kr** 83,80
	4	**36 Kr** 83,80	**37 Rb** 85,48 **47 Ag** 107,880	**38 Sr** 87,63 **48 Cd** 112,41	**39 Y** 88,92 **49 In** 114,76	**40 Zr** 91,22 **50 Sn** 118,70	**41 Nb** 92,91 **51 Sb** 121,76	**42 Mo** 95,95 **52 Te** 127,61	**43 Tc** **53 J** 126,91	**44 Ru** **45 Rh** **46 Pd** 101,7 102,91 106,7	**54 Xe** 131,3
	5	**54 Xe** 131,3	**55 Cs** 132,91 **79 Au** 197,2	**56 Ba** 137,36 **80 Hg** 200,61	***57—71** **81 Tl** 204,39	**72 Hf** 178,6 **82 Pb** 207,21	**73 Ta** 180,88 **83 Bi** 209,00	**74 W** 183,92 **84 Po** 210	**75 Re** 186,31 **85 At**	**76 Os** **77 Ir** **78 Pt** 190,2 193,1 195,23	**86 Rn** 222
	6	**86 Rn** 222	**87 Fr**	**88 Ra** 226,05	**89 Ac** 227	**90 Th** 232,12	**91 Pa** 231	**92 U** 238,07	**93 Np** **94 Pu** **95 Am** **96 Cm** **97 Bk** **98 Cf** **99 E** **100 Fm** **101 Mv**		

* Seltene Erden:

57 La	**58 Ce**	**59 Pr**	**60 Nd**	**61 Pm**	**62 Sm**	**63 Eu**	**64 Gd**	**65 Tb**	**66 Dy**	**67 Ho**	**68 Er**	**69 Tm**	**70 Yb**	**71 Lu**
138,92	140,13	140,92	144,27		150,43	152,0	156,9	159,2	162,46	164,94	167,2	169,4	173,04	174,99

Physikalische Maße und Größen

	Einheiten phys.	techn.
Mechanik	Kraft: 1 Dyn $= \frac{1}{981}$ pond $= 0{,}00102$ p	1 Kilopond = 1 kp (Kraftkilogramm)
	Arbeit: 1 Erg = 1 Dyn · 1 cm	1 kp · 1 m = 1 kpm
	1 Joule $= 10^7$ Erg $= \frac{1}{9{,}81}$ kpm	1 kpm = 9,81 Joule
	Leistung: 1 Watt (W) = 1 Joule/s $= \frac{1}{9{,}81}$ kpm/s	1 PS = 75 kpm/s = 736 W
	Druck: 1 Atm. = 760 mm Quecks. auf 1 cm² ≈	1 kp/cm² (1 at)
Wärme	1 Kalorie (kcal) bei 15° C = 426,9 kpm =	1 Wärmeeinheit (WE)

Elektrizität

1 Ampere (A) = Stromstärke, die in 1 Sek. 1,118 mg Silber oder die in 1 Min. 19,76 mg Kupfer oder 10,44 cm³ Knallgas abscheidet.
1 Ohm (Ω) = Widerstand einer Quecksilbersäule von 106,3 cm Länge und 1 mm² Querschnitt bei 0° C.
1 Volt (V) = Spannung bei 1 Amp. Stromstärke und 1 Ohm Widerstand
1 Watt (W) = 1 Volt-Ampere $= \frac{1}{736}$ PS = 0,001 36 PS = 0,239 gcal/sec
(Leistung von 1 Amp. in einem Leiter von der Endspannung 1 Volt).

Licht

1 Candela (Cd). 1 Cd/cm² = 1 Stilb (sb) = $^1/_{60}$ der Leuchtdichte (= Lichtstärke je cm²) des schwarzen Körpers beim Erstarrungspunkt des Platins.
1 Lumen (Lm) = Lichtstrom, den 1 Cd gegen 1 m² im Abstand 1 m ausstrahlt.
1 Lux (Lx, Meterkerze) = Beleuchtungsstärke einer Fläche, die von 1 Cd in 1 m Entfernung senkrecht bestrahlt wird.

Schall

1 Phon Lautstärke (L). Bei P_0 Bezugsschalldruck und P_x Schalldruck des gleichlautenden Normalschalles beträgt L = 20 lg ($P_x : P_0$) „phon“. Untere Hörschwelle 0 Phon.
Beisp.: Blättersäuseln 10, Motorrad 100, schmerzender Lärm 130 Phon.

Schmelzwärme des Eises: 79,8 kcal. Ausdehnungszahl der Gase: $0{,}00367 = \frac{1}{273}$.
Absolute Temperatur: T = t + 273°.

Mittlere Geschwindigkeiten in m/s

					Wind	Stufe	m/s
Fußgänger	1,2—1,4	(4,5)[1]	Flugzeug (Verkehr)	84 (300)	Leichter Wind	2	2—4
Radfahrer	4—5	(15)	Düsenflugzeug	230 (828)	Starker Wind	6	10—12
Ozeandampfer	10	(36)	Schall bei 0°	331	Voller Sturm	10	20—24
Kraftwagen	14	(50)	Erde um die Sonne	$30 \cdot 10^3$	Orkan	12	25—50
Schnellzug	20—25	(80)	Licht u. Elektrizität	$300 \cdot 10^6$			

[1]) Die eingeklammerten Zahlen gelten für km/std. Beachte:
1 m/s = 3,6 km/std; 1 km/std $= \frac{1}{4} \cdot 1{,}11$ m/s $= \frac{1}{4}(1 + 0{,}1 + 0{,}01 \cdots)$ m/s.

Optische Konstanten. Wellenlängen

a) Brechungszahlen (Natriumlicht) gegen Luft

Äther	1,36	Flintglas	1,61—1,96
Alkohol	1,36	Kronglas	1,52—1,62
Benzol	1,50	Schwefelkohlenstoff	1,63
Diamant	2,42	Wasser	1,33

Frauenhofersche Linien 10^{-6} mm		Elektromagnetische Wellen in cm		
		Radiowellen	rd $5 \cdot 10^6$	bis etwa 10^{-2}
B (rot)	687	Ultrarote Str.	$3{,}4 \cdot 10^{-2}$	„ $7{,}8 \cdot 10^{-5}$
C (orange)	656	Sichtbare Spektr.	$7{,}8 \cdot 10^{-5}$	„ $3{,}6 \cdot 10^{-5}$
D (gelb)	589	Ultraviol. Str.	$3{,}6 \cdot 10^{-5}$	„ $1{,}4 \cdot 10^{-6}$
E (grün)	527	Röntgenstr.	$6{,}6 \cdot 10^{-8}$	„ $1{,}6 \cdot 10^{-9}$
H (viol.)	397	Kürzeste γ-Str.		$0{,}47 \cdot 10^{-10}$
		Kosmische Str.	10^{-12}	und kleiner

Schwingungszahlen der Töne
(gleichschwebende Stimmung)

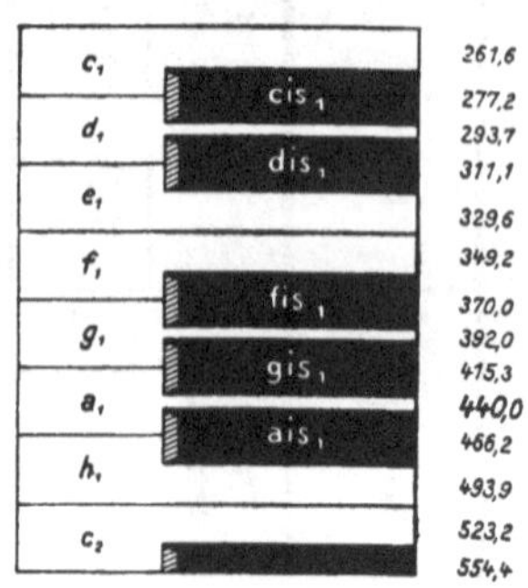

Bild 2.

a) Feste Körper

	Dichte g/cm³	Lin.Ausdehnungskoeff. 0,0000	Schmelzpunkt °C	Siedepunkt °C	Spezif. Wärme cal	Schm.-Wärme cal	Zugfestigkeit in kp/mm²	Widerst. v. 1 m Länge u. 1 mm² Querschn. Ohm
Aluminium Al	2,5—2,7	23	660	2500	0,21	95	27	0,024
Blei Pb	11,3	29	327	1750	0,03	6	2	0,19
Eisen- (Fe) Guß-	7,0—7,7	10	1150	2330	0,11	64	23	(rein) 0,10
Eisen- (Fe) Stahl	7,6—7,8	11	1500	—	0,11	—	80	0,1—0,5
Glas, gewöhnl.	2,4—2,6	04—09	800—1400	—	0,19	—	—	—
Flintglas	3,6—4,7	—	—	—	—	—	—	—
Gold Au	19,3	14	1063	2950	0,03	15	26	0,020
Holz, (tr.) Eiche	0,7—1,0	—	—	—	} 0,6	—	6 (quer 0,6)	—
Holz, (tr.) Fichte	0,4—0,6	—	—	—		—	4 („ 0,2)	—
Kupfer Cu	8,3—8,9	14	1083	2560	0,09	41	40	0,016
Messing	8,1—8,6	19	900	—	0,09	—	60	0,07—0,09
Platin Pt	21,4	09	1773	—	0,03	24	30	0,098
Schwefel S	1,9—2,1	90	113	445	0,17	9	—	—
Silber Ag	10,5	20	961	2180	0,06	25	29	0,015
Zink Zn	6,9—7,2	36	419	910	0,09	25	13	0,048
Zinn Sn	7,2—7,4	27	232	2430	0,05	14	2,6	0,10

Widerstand: Manganin 0,43; Nickelin 0,42; Kohle ~ 60

b) Flüssigkeiten

	Dichte bei 18° g/cm³	Kub.Ausdehnungskoeff. 0,00	Schmelzpunkt °C	Siedepunkt °C	Spezif. Wärme cal	Verdampf-Wärme cal	Krit. Temp. °C	Krit. Druck kp/cm²	Widerst. v. 1 m Länge u. 1 mm² Querschn. Ohm
Äther $C_4H_{10}O$	0,72	162	− 123	35	0,56	86	194	38	—
Alkoh. C_2H_6O	0,79	110	− 114	78	0,57	201	244	65	—
Benzol C_6H_6	0,88	106	+ 5,5	80	0,41	94	288	49	—
Quecksilb. Hg	13,6	018	− 38,8	357	0,03	68	1460	1077	0,958
Schwefelsäure H_2SO_4	1,84	049	—	320	0,34	100	—	—	(5%) $48 \cdot 10^3$
Wasser H_2O	1,00	013	0	100	1,00	539	374	226	—

c) Gase und Dämpfe

	Litergewicht (0°; 760) g/l	Ausdehnungskoeff. 0,00	Schmelzpunkt °C	Siedepunkt °C	Spezif. Wärme b. konst. Druck c_p	$\frac{c_p}{c_v}$	Kritische Temp. °C	Krit. Druck kp/cm²
Amoniak NH_3	0,771	380	− 78	− 33	0,52	1,31	+ 132	119
Kohlendiox. [CO_2	1,977	373	− 56	− 79	1,30	1,30	+ 31	75
Luft	1,293	367	—	−192	0,24	1,40	− 141	38
Sauerstoff O	1,429	367	− 219	−183	0,22	1,40	− 119	51
Stickstoff N	1,250	367	− 210	−196	0,25	1,40	− 147	35
Wasserdampf	0,804	—	0	+100	0,48	1,30	—	—
Wasserstoff H	0,0899	366	− 259	−253	3,41	1,41	− 240	18,2

Litergew.: Leuchtgas 0,646; Helium (He 4,00) 0,179

Allgemeine Naturkonstanten

Gravitationskonstante
$\gamma = 6{,}67 \cdot 10^{-8}\, dyn \cdot cm^2 \cdot g^{-2}$

Erdbeschleunigung (im Mittel)
$g = 9{,}81 \cdot cm \cdot s^{-2}$

Energieäquivalent der Masse
$8{,}99 \cdot 10^{20}\, erg \cdot g^{-1}$

Zahl d. Moleküle i. Mol $N = 6{,}02 \cdot 10^{23}\, Mol^{-1}$

Gasmoleküle in 1 cm³ $2{,}71 \cdot 10^{19}$
bei 0° C und 760 mm *Hg* (Loschmidtsche Zahl)

Gaskonstante $R = 8{,}31 \cdot 10^7\, erg \cdot grad^{-1} \cdot Mol^{-1}$

Boltzmannkonstante
$k = 1{,}38 \cdot 10^{-16}\, erg \cdot grad^{-1}$

Masse des *H*-Atoms $m_H = 1{,}67 \cdot 10^{-24}\, g$

Masse des ruhenden Elektrons
$m_e = 9{,}11 \cdot 10^{-28}\, g$

Elementarladung
$e = 1{,}602 \cdot 10^{-19}$ Amperesec.

Radius d. Elektronenbahn $\approx 5{,}3 \cdot 10^{-9}$ cm

Geschw. v. 1-Volt-Elektron. $5{,}9 \cdot 10^7\, cm\, s^{-1}$

Faradaykonstante
$F = 96490$ Amperesec. · g-Äquiv.$^{-1}$

Plancksches Wirkungsquantum
$h = 6{,}62 \cdot 10^{-27}$ erg. s

Lichtgeschwindigk. $c = 2{,}998 \cdot 10^{10}\, cm\, s^{-1}$

Sonne, Sternörter
(Harald Fischer, Univ. Innsbruck)

Abweichung der Sonne und Zeitgleichung für 0^h Welt-Zeit

Tag	Abw. δ	Z.-Gl.	Tag	Abw. δ	Z.-Gl.	Tag	Abw. δ	Z.-Gl.
Jan	°	m	Mai	°	m	Sept.	°	m
0 (1)	−23.2	+ 2.6	0	+14.4	−2.7	1	+ 8.7	+ 0.3
4 (5)	−22.8	+ 4.5	4	+15.6	−3.2	5	+ 7.2	− 0.9
8 (9)	−22.4	+ 6.3	8	+16.8	−3.5	9	+ 5.7	− 2.3
12 (13)	−21.8	+ 8.0	12	+17.9	−3.7	13	+ 4.2	− 3.7
16 (17)	−21.1	+ 9.5	16	+18.8	−3.8	17	+ 2.7	− 5.1
20 (21)	−20.4	+10.8	20	+19.7	−3.7	21	+ 1.1	− 6.5
24 (25)	−19.5	+11.9	24	+20.6	−3.4	25	− 0.4	− 7.9
28 (29)	−18.5	+12.8	28	+21.3	−3.0	29	− 2.0	− 9.3
Febr.			Juni			Okt.		
1 (2)	−17.4	+13.5	1	+21.9	−2.5	3	− 3.5	−10.6
5 (6)	−16.2	+14.0	5	+22.4	−1.9	7	− 5.1	−11.8
9 (10)	−15.0	+14.3	9	+22.8	−1.2	11	− 6.6	−12.9
13 (14)	−13.7	+14.3	13	+23.1	−0.4	15	− 6.6	−13.9
17 (18)	−12.4	+14.2	17	+23.3	+0.5	19	− 9.6	−14.8
21 (22)	−10.9	+13.9	21	+23.4	+1.3	23	−11.0	−15.4
25 (26)	− 9.5	+13.3	25	+23.4	+2.2	27	−12.4	−16.0
			29	+23.3	+3.0	31	−13.8	−16.3
März			Juli			Nov.		
1	− 8.0	+12.7	3	+23.1	+3.8	4	−15.0	−16.4
5	− 6.5	+11.9	7	+22.7	+4.5	8	−16.3	−16.3
9	− 4.9	+10.9	11	+22.3	+5.2	12	−17.4	−15.9
13	− 3.4	+ 9.9	15	+21.7	+5.7	16	−18.5	−15.4
17	− 1.8	+ 8.8	19	+21.1	+6.1	20	−19.4	−14.6
21	− 0.2	+ 7.6	23	+20.3	+6.3	24	−20.3	−13.6
25	+ 1.4	+ 6.4	27	+19.5	+6.4	28	−21.1	−12.4
29	+ 2.9	+ 5.2	31	+18.5	+6.3			
April			Aug.			Dez.		
2	+ 4.5	+ 4.0	4	+17.5	+6.1	2	−21.8	−11.0
6	+ 6.0	+ 2.8	8	+16.5	+5.7	6	−22.4	− 9.4
10	+ 7.5	+ 1.7	12	+15.3	+5.2	10	−22.8	− 7.7
14	+ 9.0	+ 0.6	16	+14.1	+4.4	14	−23.1	− 5.8
18	+10.4	− 0.4	20	+12.8	+3.6	18	−23.4	− 3.9
22	+11.8	− 1.3	24	+11.5	+2.6	22	−23.4	− 1.9
26	+13.2	− 2.0	28	+10.1	+1.5	26	−23.4	+ 0.1
30	+14.4	− 2.7	32	+ 8.7	+0.3	30	−23.2	+ 2.0
						34	−22.9	+ 4.0

Jahr	k	Jahr	k
1943	0.0	1948*	+0.8
1944*	+0.8	1949	+0.5
1945	+0.5	1950	+0.3
1946	+0.3	1951	+0.1
1947	0.0	1952*	+0.8

Die Tafel gilt für 0^h Weltzeit. Vor der Einschaltung ist an den Tag die dem Jahr entsprechende Verbesserung *k* anzubringen, z. B. für 1952 Jan. 1.8: Jan. 1.8 + 0.8 = Jan. 2.6

Die eingeklammerten Tage gelten für Schaltjahre (*).

Mittlere Ortszeit = Wahre Sonnenzeit + Zeitgleichung.

Mitteleuropäische Zeit (M.E.Z.) = Welt-Zeit + 1^h.

Deutsche Sommerzeit = M.E.Z. + 1^h.

Sternzeit für 0^h Welt-Zeit

Tag	Sternzeit
Jan.	h m
0 (1)	6 35.1
10 (11)	7 14.6
30 (21)	7 54.0
30 (31)	8 33.4
Febr.	
9 (10)	9 12.9
19 (20)	9 52.3
März 1	10 31.7
11	11 11.1
21	11 50.6
31	12 30.0
April 10	13 9.4
20	13 48.8
30	14 28.3
Mai 10	15 7.7
20	15 47.1
30	16 26.5
Juni 9	17 6.0
19	17 45.4
29	18 24.8
Juli 9	19 4.2
19	19 43.7
29	20 23.1
Aug. 8	21 2.5
18	21 41.9
28	22 21.4
Sept. 7	23 0.8
17	23 40.2
27	0 19.6
Okt. 7	0 59.1
17	1 38.5
27	2 17.9
Nov. 6	2 57.3
16	3 36.8
26	4 16.2
Dez. 6	4 55.6
16	5 35.1
26	6 14.5
36	6 54.9

Örter der Hauptsterne für 1950.0

Stern	α	δ	Stern	α	δ	Stern	α	δ
	h m	°		h m	°		h m	°
Polarstern	1 48.8	+89.0	Canopus	6 22.8	−52.7	Spica	13 22.6	−10.9
Plejaden[1]	3 44.5	+24.0	Sirius	6 42.9	−16.6	Arktur	14 13.4	+19.4
Aldebaran	4 33.0	+16.4	Castor	7 31.4	+32.0	Antares	16 26.3	−26.3
Rigel	5 12.1	− 8.3	Procyon	7 36.7	+ 5.4	Wega	18 35.2	+38.7
Capella	5 13.0	+45.9	Pollux	7 42.3	+28.1	Atair	19 48.3	+ 8.7
Beteigeuze	5 52.5	+ 7.4	Regulus	10 5.7	+12.2	Fomalhaut	22 54.9	−29.9

1) (Alcyone)

Lage von Sternwarten

Ort	Länge von Greenwich + West — Ost		Breite	Ort	Länge von Greenwich + West — Ost		Breite
	h	m	°		h	m	°
Berlin-Babelsberg	—0	52.4	+52.4	Leipzig	— 0	49.6	+51.3
Bonn	—0	28.4	+50.7	Mailand-Brera	— 0	36.8	+45.5
Brüssel-Uccle	—0	17.4	+50.8	Mt. Wilson (USA.)	+ 7	52.2	+34.2
Budapest-Svábhegy	—1	15.9	+47.5	Moskau	— 2	30.3	+55.8
Göttingen	—0	39.8	+51.5	München	— 0	46.4	+48.1
Greenwich	0	0.0	+51.5	Paris (Obs. nat.)	— 0	9.3	+48.8
Hamburg-Bergedorf	—0	41.0	+53.5	New York	+ 4	55.9	+40.7
Helsingfors	—1	39.8	+60.2	Rio de Janeiro	+ 2	52.9	—22.9
Innsbruck	—0	45.5	+47.3	Santiago de Chile	+ 4	42.8	—33.6
Istanbul	—1	55.9	+41.0	Stockholm	— 1	12.2	+59.3
Jena	—0	46.3	+50.9	Straßburg	— 0	31.1	+48.6
Kopenhagen (NeueStw.)	—0	50.3	+55.7	Sydney	—10	4.8	—33.9
Kyoto	—9	3.2	+35.0	Wien (Univ.-Stw.)	— 1	5.4	+48.2
La Plata	+3	51.7	—34.9	Zürich	— 0	34.2	+47.4

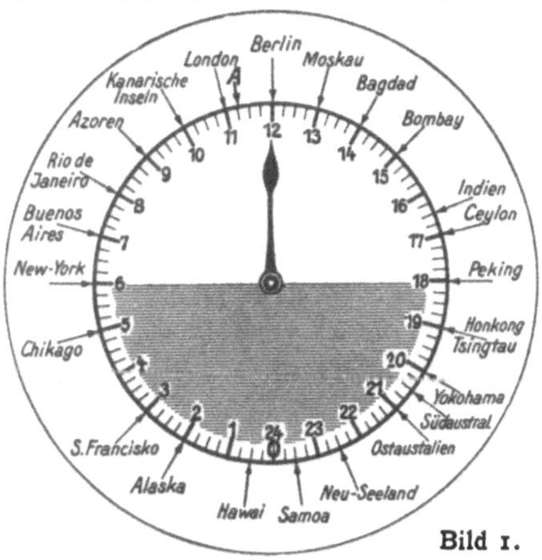

Bild 1.

Kennzahlen der Erde

		lg
Große Halbachse	6378 km	3.8047
Kleine ,,	6357 ,,	3.8033
Mittl. Halbmesser	6371 ,,	3.8042
1 Äquatorgrad	111,3 ,,	2.0465
Mittl. Sonnentag	86400 s	4.9365
Sterntag	86164 s	4.9353
Schwerebeschl. (50°)	9,81 m/s²	0.9917

Zur Zeitfeststellung (Bild 1)

1. Zeichne ein gleichgroßes Ziffernblatt und drehe es mit Hilfe einer Nadel.
2. *A* = Amsterdam. Niederlande nicht an Meridian von Greenwich angeschlossen.

Normalzeiten einiger Staaten

(an den Meridian von Greenwich angeschlossen)

Mittl. Ortszeit des Meridians	Bezeichnung Z. = Zeit	Staaten (Niederlande s. Weltuhr oben A. = Amsterdam)
10 Std. östl. Gr.	Ostaustral. Z.	Victoria, Neu-Südwales, Queensland
9	Mittl. Japan-Zeit	Japan, Korea, Ostsibirien
8	Ostchin. Küst.-Z.	Ostküste von China, Westaustralien, Philippinen
7	Südchines. ,,	Südküste von China, Franz. Indochina, Thailand
5^{30}	—	Ostindien (außer Calcutta), Ceylon
2	Osteurop. Z.*) (O.E.Z.)	Ägypten, Bulgarien, Finnland, Griechenland, Rumänien, (Europ.) Rußland, Südafrika, Türkei
1	Mitteleurop. Z. (M.E.Z.)	Dänemark, Deutschland, Italien, Norwegen, Österreich, Polen, Schweden, Schweiz, Tschecho-Slowakei, Tunis, Ungarn
0 Std.	Westeurop. Z.**) = Welt-Zeit	Im Sommer: Algier, Marokko, Spanien Im Winter: Algier, Belg., Engl., Frank., Irl, Marokko, Port., Span.
1 Std. westl. Gr.	—	Island, Madeira, Kanarische Inseln
3	—	Ostbrasilien
4	Atlantic St.T.***)	Mittelbrasilien, Kanada (Küste), Chile
5	Eastern ,, ,,	Kanada, Ver. Staaten (Ostzone), Westbrasilien
6	Central ,, ,,	Zentralzone v. Canada u. Ver. Staaten, Mexiko
7	Mountain ,, ,,	Gebirgszone ,, ,, ,, ,, ,,
8	Pacific ,, ,,	Ver. Staaten (Pazifische Küste)

*) O. E. Z. = Deutsche Sommerzeit.
) Westeurop. Sommerzeit = M. E. Z.: Belgien, England, Frankreich, Portugal. *) St. T. = Standard Time.

Währungen und Münzeinheiten

Deutsche Währung 1 DM = 100 DPf.	Früher 2790 M auf 1 kg Gold, Feingeh. 0,900
Englische „ 1 £ = 20 sh = 240 d	136,568 £ „ 1 kg „ „ 0,917

Für Umrechnungen gilt $k_e \cdot k_f = 1$ oder 10000, falls Kurs für 1 oder 100 Währungseinheiten gerechnet wird. k_e = Kurs der eigenen, k_f = Kurs der fremden Währung. Ohne Rechnung mit Reziproken T. 7.

Zinsberechnung mit Hilfe des Zinsdivisors

Bezeichnungen: k = Kapital, p = Zinsfuß, t = Tage, z = Zinsen

Formel: $z = \frac{k\,p\,t}{100 \cdot 360} = \frac{\frac{1}{100} k\,t}{360 : p} = \frac{\text{Zinszahlen}}{\text{Zinsdivisor}}$

Zinsdivisoren: d = 360 : p; Zinsen = $\frac{\frac{1}{100} k\,t}{d}$

p %	d	p %	d	p %	d	p %	d
1	360	4	90	6	60	9	40
2	180	4½	80	7½	48	10	36
3	120	5	72	8	45	12	30

Metrische Maße. Zählmaße.

Längenmaße

1 Kilometer (km) = 1000 Meter
1 Meter (m) = 10 Dezimeter (dm)
= 100 Zentimeter (cm)
= 1000 Millimeter
1 Millimeter (mm) = 1000 Mikron (µ).
1 Mikron (μ) = 1000 Millimikron ($m\mu$);
1 Millimikron ($m\mu$) = 10 Ångströmeinheiten (ÅE);
1 Ångströmeinheit (ÅE) = 1000 X-Einheiten (XE);
1 XE = 10^{-11} cm.

Flächenmaße

1 □ Kilometer (km²) = 100 Hektar
1 Hektar (ha) = 100 Ar (a)
= 10000 □ Meter

1 □ Meter (m²) = 10000 □ Zentimeter
1 □ Zentimeter (cm²) = 100 □ Millimeter (mm²).

Körper-(Hohl-)Maße

1 Kubikmeter (m³) = 1000 Kubikdezimeter (dm³)
1 Kubikdezimeter = 1000 Kubikzentimeter (cm³)
= 1 Liter (l)
1 Kubikzentimeter = 1000 Kubikmillimeter (mm³)
1 Hektoliter (hl) = 100 Liter.

Gewichte

1 Tonne (t) = 1000 Kilogramm (kg)
1 Kilogramm = 1000 Gramm (g)
1 Gramm = 1000 Milligramm (mg).

Zählmaße

1 Gros = 12 Dutzend = 144 Stück
1 Schock = 4 Mandel = 60 „

Nichtmetrische und ältere Maße

(Abk. e = engl., a = am., r = russ.)

Längenmaße

1 (d) Fuß = 12 Zoll (0,0262) = 0,314 m
1 (d) Rute = 12 Fuß = 3,766 „
1 toise (Klafter) = 6 par. Fuß = 1,949 „
1 (r) Ssáshenj = 3 Arschin (Elle) = 2,134 „
1 (e) foot = 12 inches (0,0254) = 0,305 „
1 (e) yard = 3 feet = 0,9144 „
Im Handel üblich 12 yds = 11 m = 10,973 „

Wegemaße

1 geogr. Meile ($^1/_{15}{}^0$ des Äquators) = 7422 m
1 Seemeile ($^1/_{60}$ des Meridians) = 1852 „
1 statute mile (M) = 1760 yds = 1609 „
1 nautical mile = 1 knot = 1853 „
1 (r) Meile = 7 Werst = 7468 „

Flächenmaße

1 □ Rute = 14,183 m²
1 Morgen = 25,532 a
1 (r) Dessjatina = 2400 □ Ssásh. = 109,25 „
1 (e) acre = 4840 □ yds = 40,467 „

Körper- und Hohlmaße

1 cub. yard = 0,765 m³; 1 m³ = 1,308 cub. yd
1 cub. foot = 0,0283 „; 1 „ = 35,315 cub. ft
1 reg. ton = 2,832 „ ; 1 „ = 3,532 reg. ton
1 (e) gallon = 4,546 l ; 1 l = 0,220 gal (e)
1 (a) „ = 3,785 „ ; 1 „ = 0,264 „ (a)
1 (a) bushel = 35,24 „ ; 1 (e) bushel = 36,35 l

Gewichte

1 Doppelzentner = 2 Zentner (Ztr) = 100 kg
1 Ztr = 100 Pfund (℔) = 50 „
1 (r) Pud = 40 r. Pfund = 16,38 „
1 pound (lb) = 0,454 kg; 1 kg = 2,205 lbs
1 ton (long ton) = 1016,05 kg = 2240 „
1 ton (short ton) = 907,184 „ = 2000 „
1000 kg = 0,984 tons;
1 lb = 16 ounces (oz)
1000 kg = 1,102 tons; 1 oz = 28,35 g

Antike Maße

1 miliarium = 1000 passus = 1479 m
1 stadium = 125 „ = 184,8 „
1 olymp. Stadion = 192 „

Astronomische Längenmaße

1 Sternweite = $3^1/_4$ Lichtjahre = 30 Bill. km; 1 Lichtj. = 9½ Bill. km; 1 mittl. Sonnenweite = $149{,}5 \cdot 10^6$ km; 1 mittl. Mondweite = 384452 km.

B. Logarithmentafeln ℒ

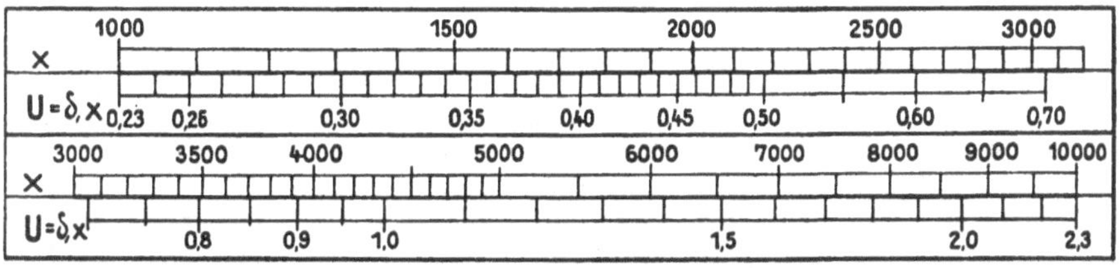

Bild 3. Teilung zum Ablesen des Genauigkeitsmaßes beim Aufschlagen des Numerus bei Tafel 15 ($y = \lg x$) in Abhängigkeit von x.

Beispiele: Tafelzahl	x	U	Tafelzahl	x	U
$\lg x_1 = 3.3021$	2005	0,46	$\lg x_3 = 1.2900$	19,50	$\frac{1}{2} \cdot 0{,}0044 = 0{,}0022$ (k. I.)
$\lg x_2 = 3.6357$	4322	1,0	$\lg x_4 = 0.8004$	6,316	0,0014

Bemerkungen

1. Wichtige Formel für die genauere Bestimmung der Differenzen in Tafel 15

$$D = \frac{43,43}{10^{-3} \cdot x} \quad \text{(s. S. 32)}$$

2. Zur Kennzeichnung der Logarithmen setzt man an die Stelle des Kommas einen Punkt, z. B. $\lg 5 = 0.6990$ (gelesen: Null Punkt 6 usw.).
3. Die **negativen** Logarithmen der trigonometrischen Funktionen sind um 10 vermehrt. Es ist daher diesen Logarithmen -10 anzuhängen, z. B. $\lg \sin 30^0 = 9.6990 - 10$. Zur Vermeidung von Irrtümern werden in den Hilfstafeln negative Logarithmen in der im Ausland vielfach üblichen Weise geschrieben, z. B. $\lg 0.01745 = \bar{2}.2419$ statt $8.2419 - 10$.
4. Das Titelbild gibt eine neue lehrreiche Darstellung der log. Kurve über 8 Zehnerbereiche und zeigt die besonderen Vorzüge der Zehnerlogarithmen hinsichtlich Kennziffer und Mantisse. Überprüfung dieser oder der Eingangszahl beim Rechnen. Grundlage zum Verständnis des Rechenschiebers. Näheres siehe Erläuterungen*).

lg x

Vollständige Zehnerlogarithmen der Zahlen x von 1 → 100. Vortafel 14

x	0	1	2	3	4	5	6	7	8	9
	—	0.0000	0.3010	0.4771	0.6021	0.6990	0.7782	0.8451	0.9031	0.9542
1.	1.0000	1.0414	1.0792	1.1139	1.1461	1.1761	1.2041	1.2304	1.2553	1.2788
2.	1.3010	1.3222	1.3424	1.3617	1.3802	1.3979	1.4150	1.4314	1.4472	1.4624
3.	1.4771	1.4914	1.5051	1.5185	1.5315	1.5441	1.5563	1.5682	1.5798	1.5911
4. Zehner	1.6021	1.6128	1.6232	1.6335	1.6435	1.6532	1.6628	1.6721	1.6812	1.6902
5.	1.6990	1.7076	1.7160	1.7243	1.7324	1.7404	1.7482	1.7559	1.7634	1.7709
6.	1.7782	1.7853	1.7924	1.7993	1.8062	1.8129	1.8195	1.8261	1.8325	1.8388
7.	1.8451	1.8513	1.8573	1.8633	1.8692	1.8751	1.8808	1.8865	1.8921	1.8976
8.	1.9031	1.9085	1.9138	1.9191	1.9243	1.9294	1.9345	1.9395	1.9445	1.9494
9.	1.9542	1.9590	1.9638	1.9685	1.9731	1.9777	1.9823	1.9868	1.9912	1.9956
10.	2.0000	$\lg\sqrt{2} = 0.1505$; $\lg\sqrt{3} = 0.2386$; $\lg\sqrt{5} = 0.3495$; $\lg\frac{1}{2}\sqrt{2} = 9.8495 - 10$								

*) *Ph. Lötzbeyer*: Erläuterungen und Beispiele für den Gebrauch der Vierstelligen Tafeln zum praktischen Rechnen, Walter de Gruyter & Co., Berlin W 35. Die genannte Schrift ist gesondert erschienen (broschürt) und bietet eine wertvolle Hilfe zum Gebrauch und tieferen Verständnis der Vierstelligen Tafeln.

lg x

Aufschlagen des Logarithmus →

Beispiel: $\lg 276{,}4 = \left\{\begin{matrix} 2.4409 \\ +\ 6 \end{matrix}\right\} = 2.4415.$

Zuwachs $z = \frac{D}{10} \cdot n = 1{,}6 \cdot 4 \approx 6.$

← **Aufschlagen des Numerus**

Beispiel: $\lg x = 1.8033 \quad x = \underline{63{,}57}.$

-28

$5 : 0{,}7$

$n = 10\,z : D = 50 : 7 \approx 7.$

x	0	1	2	3	4	5	6	7	8	9	D	U
10	***0000***	0043	0086	0128	0170	0212	0253	0294	0334	0374	40	0,23
11	0414	0453	0492	0531	0569	0607	0645	0682	0719	0755	37	25
12	0792	0828	0864	0899	0934	0969	***1004***	1038	1072	1106	33	28
13	1139	1173	1206	1239	1271	1303	1335	1367	1399	1430	31	30
14	1461	1492	1523	1553	1584	1614	1644	1673	1703	1732	29	32
15	1761	1790	1818	1847	1875	1903	1931	1959	1987	***2014***	27	0,35
16	2041	2068	2095	2122	2148	2175	2201	2227	2253	2279	25	37
17	2304	2330	2355	2380	2405	2430	2455	2480	2504	2529	24	39
18	2553	2577	2601	2625	2648	2672	2695	2718	2742	2765	23	41
19	2788	2810	2833	2856	2878	2900	2923	2945	2967	2989	21	44
20	***3010***	3032	3054	3075	3096	3118	3139	3160	3181	3201	21	0,46
21	3222	3243	3263	3284	3304	3324	3345	3365	3385	3404	20	48
22	3424	3444	3464	3483	3502	3522	3541	3560	3579	3598	19	51
23	3617	3636	3655	3674	3692	3711	3729	3747	3766	3784	18	53
24	3802	3820	3838	3856	3874	3892	3909	3927	3945	3962	17	55
25	3979	3997	***4014***	4031	4048	4065	4082	4099	4116	4133	17	0,58
26	4150	4166	4183	4200	4216	4232	4249	4265	4281	4298	16	60
27	4314	4330	4346	4362	4378	4393	4409	4425	4440	4456	16	62
28	4472	4487	4502	4518	4533	4548	4564	4579	4594	4609	15	64
29	4624	4639	4654	4669	4683	4698	4713	4728	4742	4757	14	67
30	4771	4786	4800	4814	4829	4843	4857	4871	4886	4900	14	0,69
31	4914	4928	4942	4955	4969	4983	4997	***5011***	5024	5038	13	71
32	5051	5065	5079	5092	5105	5119	5132	5145	5159	5172	13	74
33	5185	5198	5211	5224	5237	5250	5263	5276	5289	5302	13	76
34	5315	5328	5340	5353	5366	5378	5391	5403	5416	5428	13	78
35	5441	5453	5465	5478	5490	5502	5514	5527	5539	5551	12	0,81
36	5563	5575	5587	5599	5611	5623	5635	5647	5658	5670	12	83
37	5682	5694	5705	5717	5729	5740	5752	5763	5775	5786	12	85
38	5798	5809	5821	5832	5843	5855	5866	5877	5888	5899	12	87
39	5911	5922	5933	5944	5955	5966	5977	5988	5999	***6010***	11	90
40	6021	6031	6042	6053	6064	6075	6085	6096	6107	6117	11	0,92
41	6128	6138	6149	6160	6170	6180	6191	6201	6212	6222	10	94
42	6232	6243	6253	6263	6274	6284	6294	6304	6314	6325	10	97
43	6335	6345	6355	6365	6375	6385	6395	6405	6415	6425	10	99
44	6435	6444	6454	6464	6474	6484	6493	6503	6513	6522	10	1,0
45	6532	6542	6551	6561	6571	6580	6590	6599	6609	6618	10	1,0
46	6628	6637	6646	6656	6665	6675	6684	6693	6702	6712	9	1,1
47	6721	6730	6739	6749	6758	6767	6776	6785	6794	6803	9	·
48	6812	6821	6830	6839	6848	6857	6866	6875	6884	6893	9	·
49	6902	6911	6920	6928	6937	6946	6955	6964	6972	6981	9	·
x	0	1	2	3	4	5	6	7	8	9	D	U

Gm $U = \delta_1 x = 10 : D.$

x	0	1	2	3	4	5	6	7	8	9	D	U
50	6990	6998	***7007***	7016	7024	7033	7042	7050	7059	7067	9	1,2
51	7076	7084	7093	7101	7110	7118	7126	7135	7143	7152	8	·
52	7160	7168	7177	7185	7193	7202	7210	7218	7226	7235	8	·
53	7243	7251	7259	7267	7275	7284	7292	7300	7308	7316	8	·
54	7324	7332	7340	7348	7356	7364	7372	7380	7388	7396	8	·
55	7404	7412	7419	7427	7435	7443	7451	7459	7466	7474	8	1,3
56	7482	7490	7497	7505	7513	7520	7528	7536	7543	7551	8	·
57	7559	7566	7574	7582	7589	7597	7604	7612	7619	7627	7	·
58	7634	7642	7649	7657	7664	7672	7679	7686	7694	7701	8	·
59	7709	7716	7723	7731	7738	7745	7752	7760	7767	7774	8	1,4
60	7782	7789	7796	7803	7810	7818	7825	7832	7839	7846	7	1,4
61	7853	7860	7868	7875	7882	7889	7896	7903	7910	7917	7	·
62	7924	7931	7938	7945	7952	7959	7966	7973	7980	7987	6	·
63	7993	***8000***	8007	8014	8021	8028	8035	8041	8048	8055	7	·
64	8062	8069	8075	8082	8089	8096	8102	8109	8116	8122	7	1,5
65	8129	8136	8142	8149	8156	8162	8169	8176	8182	8189	6	1,5
66	8195	8202	8209	8215	8222	8228	8235	8241	8248	8254	7	·
67	8261	8267	8274	8280	8287	8293	8299	8306	8312	8319	6	1,5
68	8325	8331	8338	8344	8351	8357	8363	8370	8376	8382	6	1,6
69	8388	8395	8401	8407	8414	8420	8426	8432	8439	8445	6	·
70	8451	8457	8463	8470	8476	8482	8488	8494	8500	8506	7	1,6
71	8513	8519	8525	8531	8537	8543	8549	8555	8561	8567	6	·
72	8573	8579	8585	8591	8597	8603	8609	8615	8621	8627	6	1,7
73	8633	8639	8645	8651	8657	8663	8669	8675	8681	8686	6	·
74	8692	8698	8704	8710	8716	8722	8727	8733	8739	8745	6	·
75	8751	8756	8762	8768	8774	8779	8785	8791	8797	8802	6	1,7
76	8808	8814	8820	8825	8831	8837	8842	8848	8854	8859	6	·
77	8865	8871	8876	8882	8887	8893	8899	8904	8910	8915	6	1,8
78	8921	8927	8932	8938	8943	8949	8954	8960	8965	8971	5	·
79	8976	8982	8987	8993	8998	***9004***	9009	9015	9020	9025	6	·
80	9031	9036	9042	9047	9053	9058	9063	9069	9074	9079	6	1,8
81	9085	9090	9096	9101	9106	9112	9117	9122	9128	9133	5	1,9
82	9138	9143	9149	9154	9159	9165	9170	9175	9180	9186	5	·
83	9191	9196	9201	9206	9212	9217	9222	9227	9232	9238	5	·
84	9243	9248	9253	9258	9263	9269	9274	9279	9284	9289	5	·
85	9294	9299	9304	9309	9315	9320	9325	9330	9335	9340	5	2,0
86	9345	9350	9355	9360	9365	9370	9375	9380	9385	9390	5	·
87	9395	9400	9405	9410	9415	9420	9425	9430	9435	9440	5	·
88	9445	9450	9455	9460	9465	9469	9474	9479	9484	9489	5	·
89	9494	9499	9504	9509	9513	9518	9523	9528	9533	9538	4	·
90	9542	9547	9552	9557	9562	9566	9571	9576	9581	9586	4	2,1
91	9590	9595	9600	9605	9609	9614	9619	9624	9628	9633	5	·
92	9638	9643	9647	9652	9657	9661	9666	9671	9675	9680	5	·
93	9685	9689	9694	9699	9703	9708	9713	9717	9722	9727	4	·
94	9731	9736	9741	9745	9750	9754	9759	9763	9768	9773	4	2,2
95	9777	9782	9786	9791	9795	9800	9805	9809	9814	9818	5	2,2
96	9823	9827	9832	9836	9841	9845	9850	9854	9859	9863	5	·
97	9868	9872	9877	9881	9886	9890	9894	9899	9903	9908	4	·
98	9912	9917	9921	9926	9930	9934	9939	9943	9948	9952	4	2,3
99	9956	9961	9965	9969	9974	9978	9983	9987	9991	9996	4	·
x	0	1	2	3	4	5	6	7	8	9	D	U

lg x

Gm $V = \delta_1 y = D \cdot 10^{-4} : 10$

Min.	0	6	12	18	24	30	36	42	48	54	60		
Grad	,0	,1	,2	,3	,4	,5	,6	,7	,8	,9	1,0	↑	U°
0	—	7.2419	7.5429	7.7190	7.8439	7.9408	*0200	*0870	*1450	*1961	*2419	89	
1	8.2419	2832	3210	3558	3880	4179	4459	4723	4971	5206	5428	88	
2	5428	5640	5842	6035	6220	6397	6567	6731	6889	7041	7188	87	●
3	7188	7330	7468	7602	7731	7857	7979	8098	8213	8326	8436	86	0,00
4	8436	8543	8647	8749	8849	8946	9042	9135	9226	9315	9403	85	1
5	8.9403	9489	9573	9655	9736	9816	9894	9970	*0046	*0120	*0192	84	1
6	9.0192	0264	0334	0403	0472	0539	0605	0670	0734	0797	0859	83	·
7	0859	0920	0981	1040	1099	1157	1214	1271	1326	1381	1436	82	2
8	1436	1489	1542	1594	1646	1697	1747	1797	1847	1895	1943	81	·
9	1943	1991	2038	2085	2131	2176	2221	2266	2310	2353	2397	80	·
10	9.2397	2439	2482	2524	2565	2606	2647	2687	2727	2767	2806	79	2
11	2806	2845	2883	2921	2959	2997	3034	3070	3107	3143	3179	78	3
12	3179	3214	3250	3284	3319	3353	3387	3421	3455	3488	3521	77	·
13	3521	3554	3586	3618	3650	3682	3713	3745	3775	3806	3837	76	·
14	3837	3867	3897	3927	3957	3986	4015	4044	4073	4102	4130	75	·
15	9.4130	4158	4186	4214	4242	4269	4296	4323	4350	4377	4403	74	4
16	4403	4430	4456	4482	4508	4533	4559	4584	4609	4634	4659	73	·
17	4659	4684	4709	4733	4757	4781	4805	4829	4853	4876	4900	72	·
18	4900	4923	4946	4969	4992	5015	5037	5060	5082	5104	5126	71	·
19	5126	5148	5170	5192	5213	5235	5256	5278	5299	5320	5341	70	5
20	9.5341	5361	5382	5402	5423	5443	5463	5484	5504	5523	5543	69	5
21	5543	5563	5583	5602	5621	5641	5660	5679	5698	5717	5736	68	·
22	5736	5754	5773	5792	5810	5828	5847	5865	5883	5901	5919	67	6
23	5919	5937	5954	5972	5990	6007	6024	6042	6059	6076	6093	66	·
24	6093	6110	6127	6144	6161	6177	6194	6210	6227	6243	6259	65	·
25	9.6259	6276	6292	6308	6324	6340	6356	6371	6387	6403	6418	64	6
26	6418	6434	6449	6465	6480	6495	6510	6526	6541	6556	6570	63	·
27	6570	6585	6600	6615	6629	6644	6659	6673	6687	6702	6716	62	7
28	6716	6730	6744	6759	6773	6787	6801	6814	6828	6842	6856	61	·
29	6856	6869	6883	6896	6910	6923	6937	6950	6963	6977	6990	60	8
30	9.6990	7003	7016	7029	7042	7055	7068	7080	7093	7106	7118	59	8
31	7118	7131	7144	7156	7168	7181	7193	7205	7218	7230	7242	58	·
32	7242	7254	7266	7278	7290	7302	7314	7326	7338	7349	7361	57	·
33	7361	7373	7384	7396	7407	7419	7430	7442	7453	7464	7476	56	0,0 1
34	7476	7487	7498	7509	7520	7531	7542	7553	7564	7575	7586	55	1
35	9.7586	7597	7607	7618	7629	7640	7650	7661	7671	7682	7692	54	1
36	7692	7703	7713	7723	7734	7744	7754	7764	7774	7785	7795	53	·
37	7795	7805	7815	7825	7835	7844	7854	7864	7874	7884	7893	52	·
38	7893	7903	7913	7922	7932	7941	7951	7960	7970	7979	7989	51	·
39	7989	7998	8007	8017	8026	8035	8044	8053	8063	8072	8081	50	·
40	9.8081	8090	8099	8108	8117	8125	8134	8143	8152	8161	8169	49	1
41	8169	8178	8187	8195	8204	8213	8221	8230	8238	8247	8255	48	·
42	8255	8264	8272	8280	8289	8297	8305	8313	8322	8330	8338	47	·
43	8338	8346	8354	8362	8370	8378	8386	8394	8402	8410	8418	46	·
44	8418	8426	8433	8441	8449	8457	8464	8472	8480	8487	8495	45	·
	1,0	,9	,8	,7	,6	,5	,4	,3	,2	,1	,0	Grad	
	60	54	48	42	36	30	24	18	12	6	0	Min.	

lg sin x / cos x
lg tg x / cotg x

Gm $U = \delta_1 x = 0{,}1^0 : D$

Lg cos 45°→90°

Lg sin 45° → 90°

Taf. 16

Min.	0	6	12	18	24	30	36	42	48	54	60		
Gr d	,0	,1	,2	,3	,4	,5	,6	,7	,8	,9	1,0	↑	U°
45	9.8495	8502	8510	8517	8525	8532	8540	8547	8555	8562	8569	44	0,0 1
46	8569	8577	8584	8591	8598	8606	8613	8620	8627	8634	8641	43	1
47	8641	8648	8655	8662	8669	8676	8683	8690	8697	8704	8711	42	·
48	8711	8718	8724	8731	8738	8745	8751	8758	8765	8771	8778	41	·
49	8778	8784	8791	8797	8804	8810	8817	8823	8830	8836	8843	**40**	2
50	9.8843	8849	8855	8862	8868	8874	8880	8887	8893	8899	8905	39	2
51	8905	8911	8917	8923	8929	8935	8941	8947	8953	8959	8965	38	·
52	8965	8971	8977	8983	8989	8995	***9000***	9006	9012	9018	9023	37	·
53	9023	9029	9035	9041	9046	9052	9057	9063	9069	9074	9080	36	·
54	9080	9085	9091	9096	9101	9107	9112	9118	9123	9128	9134	35	·
55	9.9134	9139	9144	9149	9155	9160	9165	9170	9175	9181	9186	34	2
56	9186	9191	9196	9201	9206	9211	9216	9221	9226	9231	9236	33	·
57	9236	9241	9246	9251	9255	9260	9265	9270	9275	9279	9284	32	·
58	9284	9289	9294	9298	9303	9308	9312	9317	9322	9326	9331	31	·
59	9331	9335	9340	9344	9349	9353	9358	9362	9367	9371	9375	**30**	·
60	9.9375	9380	9384	9388	9393	9397	9401	9406	9410	9414	9418	29	2
61	9418	9422	9427	9431	9435	9439	9443	9447	9451	9455	9459	28	3
62	9459	9463	9467	9471	9475	9479	9483	9487	9491	9495	9499	27	·
63	9499	9503	9506	9510	9514	9518	9522	9525	9529	9533	9537	26	·
64	9537	9540	9544	9548	9551	9555	9558	9562	9566	9569	9573	25	·
65	9.9573	9576	9580	9583	9587	9590	9594	9597	9601	9604	9607	24	3
66	9607	9611	9614	9617	9621	9624	9627	9631	9634	9637	9640	23	·
67	9640	9643	9647	9650	9653	9656	9659	9662	9666	9669	9672	22	·
68	9672	9675	9678	9681	9684	9687	9690	9693	9696	9699	9702	21	·
69	9702	9704	9707	9710	9713	9716	9719	9722	9724	9727	9730	**20**	·
70	9.9730	9733	9735	9738	9741	9743	9746	9749	9751	9754	9757	19	3
71	9757	9759	9762	9764	9767	9770	9772	9775	9777	9780	9782	18	·
72	9782	9785	9787	9789	9792	9794	9797	9799	9801	9804	9806	17	·
73	9806	9808	9811	9813	9815	9817	9820	9822	9824	9826	9828	16	·
74	9828	9831	9833	9835	9837	9839	9841	9843	9845	9847	9849	15	·
75	9.9849	9851	9853	9855	9857	9859	9861	9863	9865	9867	9869	14	5
76	9869	9871	9873	9875	9876	9878	9880	9882	9884	9885	9887	13	·
77	9887	9889	9891	9892	9894	9896	9897	9899	9901	9902	9904	12	·
78	9904	9906	9907	9909	9910	9912	9913	9915	9916	9918	9919	11	·
79	9919	9921	9922	9924	9925	9927	9928	9929	9931	9932	9934	**10**	·
80	9.9934	9935	9936	9937	9939	9940	9941	9943	9944	9945	9946	9	0,1
81	9946	9947	9949	9950	9951	9952	9953	9954	9955	9956	9958	8	·
82	9958	9959	9960	9961	9962	9963	9964	9965	9966	9967	9968	7	·
83	9968	9968	9969	9970	9971	9972	9973	9974	9975	9975	9976	6	·
84	9976	9977	9978	9978	9979	9980	9981	9981	9982	9983	9983	5	·
85	9.9983	9984	9985	9985	9986	9987	9987	9988	9988	9989	9989	4	0,1
86	9989	9990	9990	9991	9991	9992	9992	9993	9993	9994	9994	3	
87	9994	9994	9995	9995	9996	9996	9996	9996	9997	9997	9997	2	
88	9997	9998	9998	9998	9998	9999	9999	9999	9999	9999	9999	1	
89	9999	9999	*0000	*0000	*0000	*0000	*0000	*0000	*0000	*0000	*0000	**0**	
	1,0	,9	,8	,7	,6	,5	,4	,3	,2	,1	,0	Grad	↑
	60	54	48	42	36	30	24	18	12	6	0	Min.	

lg $\frac{\sin x}{\cos x}$ lg $\frac{\operatorname{tg} x}{\operatorname{cotg} x}$

Gm $V = \delta_1 y = D \cdot 10^{-4} : 10$

Lg cos 0° → 45°

Lg tang 0° → 45°

Min.	0	6	12	18	24	30	36	42	48	54	60		
Grad	,0	,1	,2	,3	,4	,5	,6	,7	,8	,9	1,0	↑	U°
0	—	7.2419	7.5429	7.7190	7.8439	7.9409	*0200	*0870	*1450	*1962	*2419	89	
1	8.2419	2833	3211	3559	3881	4181	4461	4725	4973	5208	5431	88	
2	5431	5643	5845	6038	6223	6401	6571	6736	6894	7046	7194	87	●
3	7194	7337	7475	7609	7739	7865	7988	8107	8223	8336	8446	86	0,00
4	8446	8554	8659	8762	8862	8960	9056	9150	9241	9331	9420	85	1
5	8.9420	9506	9591	9674	9756	9836	9915	9992	***0068***	*0143	*0216	84	1
6	9.0216	0289	0360	0430	0499	0567	0633	0699	0764	0828	0891	83	·
7	0891	0954	***1015***	1076	1135	1194	1252	1310	1367	1423	1478	82	2
8	1478	1533	1587	1640	1693	1745	1797	1848	1898	1948	1997	81	·
9	1997	***2046***	2094	2142	2189	2236	2282	2328	2374	2419	2463	**80**	·
10	9.2463	2507	2551	2594	2637	2680	2722	2764	2805	2846	2887	79	2
11	2887	2927	2967	***3006***	3046	3085	3123	3162	3200	3237	3275	78	3
12	3275	3312	3349	3385	3422	3458	3493	3529	3564	3599	3634	77	·
13	3634	3668	3702	3736	3770	3804	3837	3870	3903	3935	3968	76	·
14	3968	***4000***	4032	4064	4095	4127	4158	4189	4220	4250	4281	75	·
15	9.4281	4311	4341	4371	4400	4430	4459	4488	4517	4546	4575	74	3
16	4575	4603	4632	4660	4688	4716	4744	4771	4799	4826	4853	73	4
17	4853	4880	4907	4934	4961	4987	***5014***	5040	5066	5092	5118	72	·
18	5118	5143	5169	5195	5220	5245	5270	5295	5320	5345	5370	71	·
19	5370	5394	5419	5443	5467	5491	5516	5539	5563	5587	5611	**70**	·
20	9.5611	5634	5658	5681	5704	5727	5750	5773	5796	5819	5842	69	4
21	5842	5864	5887	5909	5932	5954	5976	5998	***6020***	6042	6064	68	5
22	6064	6086	6108	6129	6151	6172	6194	6215	6236	6257	6279	67	·
23	6279	6300	6321	6341	6362	6383	6404	6424	6445	6465	6486	66	·
24	6486	6506	6527	6547	6567	6587	6607	6627	6647	6667	6687	65	·
25	9.6687	6706	6726	6746	6765	6785	6804	6824	6843	6863	6882	64	5
26	6882	6901	6920	6939	6958	6977	6996	***7015***	7034	7053	7072	63	·
27	7072	7090	7109	7128	7146	7165	7183	7202	7220	7238	7257	62	6
28	7257	7275	7293	7311	7330	7348	7366	7384	7402	7420	7438	61	·
29	7438	7455	7473	7491	7509	7526	7544	7562	7579	7597	7614	**60**	·
30	9.7614	7632	7649	7667	7684	7701	7719	7736	7753	7771	7788	59	6
31	7788	7805	7822	7839	7856	7873	7890	7907	7924	7941	7958	58	·
32	7958	7975	7992	***8008***	8025	8042	8059	8075	8092	8109	8125	57	·
33	8125	8142	8158	8175	8191	8208	8224	8241	8257	8274	8290	56	·
34	8290	8306	8323	8339	8355	8371	8388	8404	8420	8436	8452	55	·
35	9.8452	8468	8484	8501	8517	8533	8549	8565	8581	8597	8613	54	6
36	8613	8629	8644	8660	8676	8692	8708	8724	8740	8755	8771	53	·
37	8771	8787	8803	8818	8834	8850	8865	8881	8897	8912	8928	52	·
38	8928	8944	8959	8975	8990	***9006***	9022	9037	9053	9068	9084	51	·
39	9084	9099	9115	9130	9146	9161	9176	9192	9207	9223	9238	**50**	7
40	9.9238	9254	9269	9284	9300	9315	9330	9346	9361	9376	9392	49	7
41	9392	9407	9422	9438	9453	9468	9483	9499	9514	9529	9544	48	·
42	9544	9560	9575	9590	9605	9621	9636	9651	9666	9681	9697	47	·
43	9697	9712	9727	9742	9757	9772	9788	9803	9818	9833	9848	46	·
44	9848	9864	9879	9894	9909	9924	9939	9955	9970	9985	*0000	45	·
↓	1,0	,9	,8	,7	,6	,5	,4	,3	,2	,1	,0	Grad	
	60	54	48	42	36	30	24	18	12	6	0	Min.	

lg sin x / cos x; lg tg x / cotg x

Gm $V = \delta_1 x = 0{,}1^0 : D$

Lg cotang 45° → 90°

Lg tang 45° → 90°

Min.	0	6	12	18	24	30	36	42	48	54	60		
Grad	,0	,1	,2	,3	,4	,5	,6	,7	,8	,9	1,0	↑	U°
45	0.0000	0015	0030	0045	0061	0076	0091	0106	0121	0136	0152	44	0,00 7
46	0152	0167	0182	0197	0212	0228	0243	0258	0273	0288	0303	43	·
47	0303	0319	0334	0349	0364	0379	0395	0410	0425	0440	0456	42	·
48	0456	0471	0486	0501	0517	0532	0547	0562	0578	0593	0608	41	·
49	0608	0624	0639	0654	0670	0685	0700	0716	0731	0746	0762	**40**	6
50	0.0762	0777	0793	0808	0824	0839	0854	0870	0885	0901	0916	39	6
51	0916	0932	0947	0963	0978	0994	1010	1025	1041	1056	1072	38	·
52	1072	1088	1103	1119	1135	1150	1166	1182	1197	1213	1229	37	·
53	1229	1245	1260	1276	1292	1308	1324	1340	1356	1371	1387	36	·
54	1387	1403	1419	1435	1451	1467	1483	1499	1516	1532	1548	35	·
55	0.1548	1564	1580	1596	1612	1629	1645	1661	1677	1694	1710	34	6
56	1710	1726	1743	1759	1776	1792	1809	1825	1842	1858	1875	33	·
57	1875	1891	1908	1925	1941	1958	1975	1992	2008	2025	2042	32	·
58	2042	2059	2076	2093	2110	2127	2144	2161	2178	2195	2212	31	·
59	2212	2229	2247	2264	2281	2299	2316	2333	2351	2368	2386	**30**	·
60	0.2386	2403	2421	2438	2456	2474	2491	2509	2527	2545	2562	29	6
61	2562	2580	2598	2616	2634	2652	2670	2689	2707	2725	2743	28	·
62	2743	2762	2780	2798	2817	2835	2854	2872	2891	2910	2928	27	5
63	2928	2947	2966	2985	3004	3023	3042	3061	3080	3099	3118	26	·
64	3118	3137	3157	3176	3196	3215	3235	3254	3274	3294	3313	25	·
65	0.3313	3333	3353	3373	3393	3413	3433	3453	3473	3494	3514	24	5
66	3514	3535	3555	3576	3596	3617	3638	3659	3679	3700	3721	23	·
67	3721	3743	3764	3785	3806	3828	3849	3871	3892	3914	3936	22	·
68	3936	3958	3980	4002	4024	4046	4068	4091	4113	4136	4158	21	·
69	4158	4181	4204	4227	4250	4273	4296	4319	4342	4366	4389	**20**	4
70	0.4389	4413	4437	4461	4484	4509	4533	4557	4581	4606	4630	19	4
71	4630	4655	4680	4705	4730	4755	4780	4805	4831	4857	4882	18	·
72	4882	4908	4934	4960	4986	5013	5039	5066	5093	5120	5147	17	·
73	5147	5174	5201	5229	5256	5284	5312	5340	5368	5397	5425	16	·
74	5425	5454	5483	5512	5541	5570	5600	5629	5659	5689	5719	15	3
75	0.5719	5750	5780	5811	5842	5873	5905	5936	5968	6000	6032	14	3
76	6032	6065	6097	6130	6163	6196	6230	6264	6298	6332	6366	13	·
77	6366	6401	6436	6471	6507	6542	6578	6615	6651	6688	6725	12	·
78	6725	6763	6800	6838	6877	6915	6954	6994	7033	7073	7113	11	·
79	7113	7154	7195	7236	7278	7320	7363	7406	7449	7493	7537	**10**	·
80	0.7537	7581	7626	7672	7718	7764	7811	7858	7906	7954	8003	9	2
81	8003	8052	8102	8152	8203	8255	8307	8360	8413	8467	8522	8	·
82	8522	8577	8633	8690	8748	8806	8865	8924	8985	9046	9109	7	·
83	9109	9172	9236	9301	9367	9433	9501	9570	9640	9711	9784	6	·
84	9784	9857	9932	*0008	*0085	*0164	*0244	*0326	*0409	*0494	*0580	5	1
85	1.0580	0669	0759	0850	0944	1040	1138	1238	1341	1446	1554	4	1
86	1554	1664	1777	1893	2012	2135	2261	2391	2525	2663	2806	3	·
87	2806	2954	3106	3264	3429	3599	3777	3962	4155	4357	4569	2	●
88	4569	4792	5027	5275	5539	5819	6119	6441	6789	7167	7581	1	
89	7581	8038	8550	9130	9800	*0591	*1561	*2810	*4571	*7581	—	**0**	
	1,0	,9	,8	,7	,6	,5	,4	,3	,2	,1	0,	Grad	↑
	60	54	48	42	36	30	24	18	12	6	0	Min.	

lg sin x / cos x
lg tg x / cotg x

Gm $V = \delta_1 y = D \cdot 10^{-4} : 10$

Lg cotang 0° → 45°

a) Berechnung der Logarithmen von sin α, tg α, cos $(90 - \alpha)$ und ctg $(90 - \alpha)$ für $\alpha < 4^0$. Begründung s. Erläuterungen*)

lg sin	S	Grad	T	lg tg
—	1.7581	**0,0**	1.7581	—
8.2419	.	**1,0**	.	8.2419
8.3210	1.7582	1,2	.	8.3211
8.3558	.	1,3	1,7580	8.3559
8.5428	.	**2,0**	1.7579	8.5431
8.6397	1.7583	2,5	1.7578	8.6401
8.7188	.	**3,0**	1.7577	8.7194
8.7602	1.7584	3,3	1.7576	8.7609
8.8098	.	3,7	1.7575	8.8107
8.8326	1.7585	3,9	.	8.8336
8.8436	.	**4,0**	1.7574	8.8446

Formeln: (I) $\lg \sin \alpha = \lg \alpha^0 - S$

(II) $\lg \operatorname{tg} \alpha = \lg \alpha^0 - T$.

Es bedeuten:

$$S = \lg \frac{\alpha^0}{\sin \alpha}; \quad T = \lg \frac{\alpha^0}{\operatorname{tg} \alpha}.$$

Mit Hilfe der sich wenig ändernden Größen S und T können die Logarithmen von sin und tg kleiner Winkel aus dem Bogen in Grad mit größter Genauigkeit bestimmt werden. Vermeiden mühsamer Interpolationen!

Beispiele:

1) Gesucht ist lg sin $0,462^0$.
Es ist nach (I) $\lg \sin 0,462^0 = \lg 0,462^0 - S$
$\lg 0,462^0 = 9.6646 - 10$ (*n. T.* 12)
$-S = -1.7581$ (*n. T.* 15)
$\lg \sin 0,462^0 = 7.9065 - 10$

2) Gegeben ist $\lg \operatorname{tg} \alpha^0 = 8.7652 - 10$
Gesucht wird α^0. Nach (II) folgt
$\lg \operatorname{tg} \alpha = 8.7652 - 10$
$+T = +1.7576$ (*n. T.* 15)
$\lg \alpha^0 = 0.5228$
$\alpha^0 = 3,333^0$ (*n. T.* 12)

3) Gesucht ist lg ctg β für $\beta = 88,537^0$.
Es ist $\operatorname{ctg} 88,537^0 = \operatorname{tg} 1,463^0$.
Nach (II) folgt
$\lg 1,463^0 = 10.1653 - 10$ (*T.* 12)
$-T = -1.7580$
$\lg \operatorname{ctg} \beta = \lg \operatorname{tg} 1,463^0 = 8.4073 - 10$

4) Gesucht ist lg sin 15''.
$15'' = 0,004167^0$ (auf 4 Dezimalstellen!)
$\lg 0,004167^0 = 7.6198 - 10$ (*T.* 12)
$-S = -1.7581$ (*T.* 15)
$\lg \sin 15'' = 5.8617 - 10$ (*r*)

b) Siebenstellige Logarithmen der Zinsfaktoren

N	0		1	2	3	4	5	6	7	8	9
100	00	00000	04341	08677	13009	17337	21661	25980	30295	34605	38912
101		43214	47512	51805	56094	60380	64660	68937	73210	77478	81742
102		86002	90257	94509	98756	*03000	*07239	*11474	*15704	*19931	*24154
103	01	28372	32587	36797	41003	45205	49403	53598	57788	61974	66155
104		70333	74507	78677	82843	87005	91163	95317	99467	*03613	*07755
105	02	11893	16027	20157	24284	28406	32525	36639	40750	44857	48960
106		53059	57154	61245	65333	69416	73496	77572	81644	85713	89777
107		93838	97895	*01948	*05997	*10043	*14085	*18123	*22157	*26188	*30214
108	03	34238	38257	42273	46285	50293	54297	58298	62295	66289	70279
109		74265	78248	82226	86202	90173	94141	98106	*02066	*06023	*09977
110	04	13927	17873	21816	25755	29691	33623	37551	41476	45398	49315

c) Natürliche Logarithmen (ln)

Grundzahl $e = 2,71828\ldots$; $\lg e = M = 0.4343$.

$\lg x = M \cdot \ln x$. Die Zehnerlogarithmen ergeben sich aus den natürlichen Log. durch Multiplikation mit dem Modul (Verhältnismaß) M der Zehnerlogarithmen.

$\ln x = \frac{1}{M} \cdot \lg x$. Jeder $\ln x$ kann aus den Zehnerlogarithmen mit Hilfe der Vielfachen v von $\frac{1}{M} = \ln 10 = 2.302585$ gefunden werden. Siehe nachstehende kleine Tafel.

v	1	2	3	4	5	6	7	8	9
$v \times \frac{1}{M}$	2.3026	4.6052	6.9078	9.2103	11.5129	13.8155	16.1181	18.4207	20.7233

Beispiele: 1) $\ln 4 = \frac{1}{M} \times 0.6021 = 1.3816$;
46
2
1.3864

2) $\ln 263 = \frac{1}{M} \times 2.4200 = 4.6052$;
9210
461
5.5723

*) Siehe Fußnote S. 21.

C. Beurteilung der Genauigkeit beim Tafelrechnen

Vorbemerkungen.

Die **Rechentafeln** liefern abgesonderte Einzelwerte. Die **lineare Interpolation** oder **geradlinige Einschaltung** ermöglicht nicht nur die Bestimmung der Zwischenwerte, sondern auch die Erweiterung des Bereiches der Tafelzahlen auf das Zehnfache und damit auch die Erhöhung der Genauigkeit. Durch Kommaverschieben oder Ändern der Kennziffern kann der durch die Tafel gegebene Bereich, abgesehen von den trigonometrischen Tafeln, auf beliebige Zehnerbereiche ausgedehnt werden. Es gibt zwei Arten von Rechentafeln:

1. Die **Normal- oder Zahlentafeln**, die unmittelbar die gesuchten Ergebnisse oder Bestandteile für die Rechnung liefern, wie z. B. die Tafeln der Quadrate. Werden diese rückwärts gebraucht, so ersetzen sie die sogenannten Gegentafeln, im Beispiel die Tafel der Quadratwurzeln. Solche Tafeln sind überflüssig. Sie verdecken zudem die einfachen funktionalen Zusammenhänge mit der Grundtafel und wichtige Gesetze. **Jede Tafel ist erfahrungsgemäß mit der gleichen Leichtigkeit vorwärts und rückwärts zu benutzen.** Das ist auch besonders bei den Umrechnungstafeln zu beachten.
2. **Durchgangstafeln**, wie z. B. die Logarithmentafeln. Das sind Sondertafeln mit **Ersatz- oder Kunstzahlen**, die das Rechnen erleichtern. Bei ihnen geht man einmal oder mehrmals in die Tafel ein und dann wieder zurück zu den natürlichen Zahlen.

I. **Allgemeines.** Wie jedes praktische Rechnen ist das Tafelrechnen bei beschränkter Stellenzahl ein abgekürztes oder Näherungsrechnen. Dabei gilt es, unnütze Arbeit und Fehler zu vermeiden. Es ist z. B. falsch und unkritisch, mit einer vierstelligen Tafel in der Nähe von 80^0 den $\lg \sin \alpha$ genauer als auf Hundertstel Grad zu ermitteln, da an dieser Stelle allein durch die **Abrundung der Tafel** eine Unsicherheit von mehr als $0{,}03^0 \approx 2'$ in der Eingangszahl bedingt ist.

Die Beurteilung der Genauigkeit beim Tafelrechnen erfordert

1. Kenntnis der Unsicherheit der Tafelzahlen und ihres Einflusses auf die Eingangszahl und umgekehrt.
2. Klarheit über die Unsicherheit des Ergebnisses, die teils durch die Unsicherheit der gegebenen Größen, teils durch die Tafeln und das Rechnen verursacht ist.

Eine tabulierte Funktion mit z. B. 4 Dezimalstellen ist graphisch als Funktionsstreifen (Bild 4)

$$y = f(x) \pm \varepsilon, \quad \text{wo } \varepsilon \leqq 0{,}5 \cdot 10^{-4} \text{ ist,}$$

aufzufassen, in welchem die Funktionswerte oder Tafelzahlen durch getrennte Punkte dargestellt sind. Die Abweichung $\varepsilon \leqq 0{,}5 \cdot 10^{-4}$ ist durch das Abrunden auf 4 Dezimalstellen bedingt. Die gleiche Unsicherheit tritt noch hinzu, wenn die Tafelzahl durch Interpolation zu bestimmen ist, und zwar nicht durch die Interpolation an sich (s. Erläuterungen*), sondern durch die Benutzung ungenauer Nachbarwerte und das Abrunden.

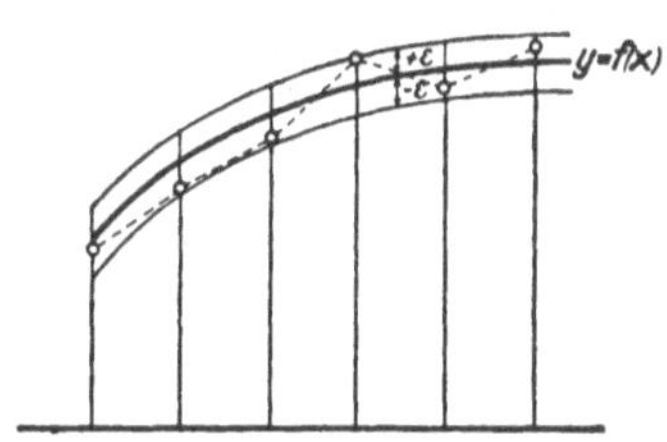

Bild 4. Funktionsstreifen.

Ergebnis:

Größtmöglicher Fehler der Tafelzahl mit $s = 4$ Dezimalstellen

$$(1) \qquad \delta y = \pm 1{,}0 \cdot 10^{-4}.$$

Dieser Höchstfehler kommt z. B. bei den 8100 geradlinig eingeschalteten Logarithmenwerten der Tafel 12 ($y = \lg x$) nur 4mal vor.

Bezeichnungen: Eingangszahl x, Unsicherheit von x δx**)
Tafelzahl $y = f(x)$, „ „ y δy.
Tafeldifferenz 1. Ordnung $D^{(1)}$ oder einfach D,
2. Ordnung $D^{(2)}$

Beispiel 1) $y = x^3$

$y = x^3$	1		8		27		64		125		216
$D^{(1)}$		7		19		37		61		91	
$D^{(2)}$			12		18		24		30		36

---

*) Siehe Fußnote S. 21.

**) Das Zeichen δ ist gewählt, weil das übliche Zeichen zu umständlich zu schreiben ist.

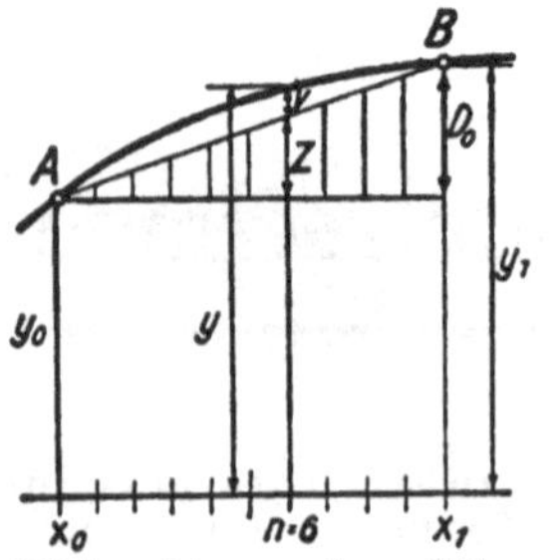

Bild 5. Lineare I. und Verbesserung v durch quadr. I.

Anzahl der Dezimalstellen der Tafelzahl s;
Schrittweite der Tafel w.

Bei der Tafel der Quadrate $y = x^2$ ist z. B. $w = 0{,}01$, dagegen die Anzahl der Dezimalstellen im I. Zehnerbereich $s = 3$, im II. $s = 2$.

Eingehende Begründung der nachstehenden Formeln usw. siehe Erläuterungen*).

II. Zulässigkeit der linearen Interpolation (l. I.). Differenzen. Das Wesen der l. I. besteht darin, daß man die Funktionskurve in genügend kleine Intervalle zerlegt, so daß die Kurve in den einzelnen Intervallen durch die Sehnen ersetzt werden kann. Die Formel der l. I. lautet (Bild 5)

$$(2) \qquad \boxed{y = y_0 + (x - x_0)\frac{D_0^{(1)}}{w} = y_0 + \frac{n}{10}D_0^{(1)}} \qquad n = 1, 2, 3 \cdots 9.$$

Das Zusatzglied für die quadratische I., das mit ausreichender Genauigkeit den durch die l. I. entstehenden Fehler bestimmt, ist

$$(3) \quad v_n = \frac{n}{10}\left(\frac{n}{10} - 1\right) \cdot \frac{D_0^2}{2} \qquad \text{Höchstwert von } \left|\frac{n}{10}\left(\frac{n}{10} - 1\right)\right| = \frac{1}{4} \text{ für } n = 5.$$

Demnach beträgt der größte Fehler bei der l. I.:

$$(3a) \qquad v = \left| -\frac{1}{8} D_0^{(2)} \right|$$

Für $v < 0{,}5$ Einheiten der letzten Stelle der Tafelzahl ist der Fehler ohne Einfluß auf diese.

Lineare Interpolation ist daher bei einer in gleichen Schritten der Eingangszahl fortschreitenden Zahlentafel zulässig an der Stelle x_0, wenn für die zugehörige Differenz 2. Ordnung die Beziehung gilt

$$(4) \qquad \boxed{|D_0^{(2)}| < 4}$$

x	y	$D^{(1)}$	$D^{(2)}$
35	2,857		
		79	
36	2,778		4
		75	
37 ←	2,703		4
		71	
38	2,632		
		68	3
39	2,564		

Beispiel 2) In der Tafel 8 sind in der Spalte 4 die Reziproken von $y = \frac{100}{x}$ für $x = 1 \to 100$ gegeben. Von welcher Stelle x_0 ist y linear interpolierbar?

Bei $x_0 = 37$ ist das zugehörige $D_0^{(2)} = 3$, unterschreitet also bestimmt den Wert von 4. Die l. I. ergibt für $y = \frac{100}{37{,}5} = 2{,}667$. Probe durch Ausrechnen. Prüfe entsprechend die Vortafel 14 der lg x von $1 \to 100$, die für das Einschalten nicht in Frage kommt, sondern nur der bequemen Entnahme der Logarithmen von $1 \to 100$ dient. Ergebnis $x_0 = 31$.

Beurteilung der Genauigkeit

Die Differenzen bilden das einfachste und umfassendste Mittel zur Beurteilung der Genauigkeit. Für alle Rechentafeln gilt, soweit sie geradlinig schaltbar sind, nach dem Mittelwertsatz oder der Taylorschen Formel die Beziehung

$$(5) \qquad f(x_0 + w) - f(x_0) = D \cdot 10^{-s} = w \cdot f'(x_0), \text{ mithin}$$

$$(6) \qquad \boxed{D = \frac{w}{10^{-s}} \cdot f'(x_0)} \qquad \text{Grundformel zur genaueren Differenzenbestimmung.}$$

Nachprüfung an den Tafeln $y = x^2$ (T. 1) und $y = \sin x$ (T. 3).

Beispiel 3) $y_1 - y_0 = 1{,}81^2 - 1{,}80^2$; $D = 36$. Nach (6) ist $D = 10 \cdot 2 \cdot 1{,}8 = 36$

Beispiel 4) $\sin 30{,}1^0 - \sin 30{,}0^0$; $D = 15$. $D = \text{arc } 0{,}1 \cdot \cos 30^0 : 10^{-4} = 15$.

Dem Leser wird nicht entgangen sein, daß mit Gleichung (5) die Differenzen aus ihrer Größenordnung herausgelöst sind, d. h. sie werden ohne Rücksicht auf das Komma der Tafelzahl angegeben. Sie figurieren als ganze Zahlen, sind aber keineswegs solche (Gl. 6).

III. Abschätzen und Übertragen der Unsicherheiten beim Tafelrechnen. Die allgemeine Fehlergleichung (Abschätzen mittelst linearer Ersatzfunktion)

$$(I) \qquad \boxed{\delta y = f'(x)\,\delta x}$$

stellt ein Hilfsmittel für die vorstehende Aufgabe dar, das aber erst durch Verbindung mit Gl. (6) für die praktischen Tafelrechner einfach und umfassend wird. So ergeben sich für das geradlinige Schaltgebiet die allgemeinen Grundformeln der Unsicherheiten für δy und δx in Abhängigkeit von der zugehörigen Differenz:

$$(II) \qquad a) \quad \boxed{\delta y = \frac{D \cdot 10^{-s}}{w}\,\delta x} \qquad b) \quad \boxed{\delta x = \frac{w}{D \cdot 10^{-s}}\,\delta y}$$

*) Siehe Fußnote S. 21.

Wenn Bild 6 ein Intervall von der Schrittweite w im Schaltgebiet einer Tafel darstellt, so besagt der Übergang von Gl. (I) zu (II), daß alle Tangenten zwischen den Kurvenpunkten A und B durch die Sekante AB ersetzt werden. Die Formeln (II) und (III) lassen sich unmittelbar aus dem Bild ablesen.

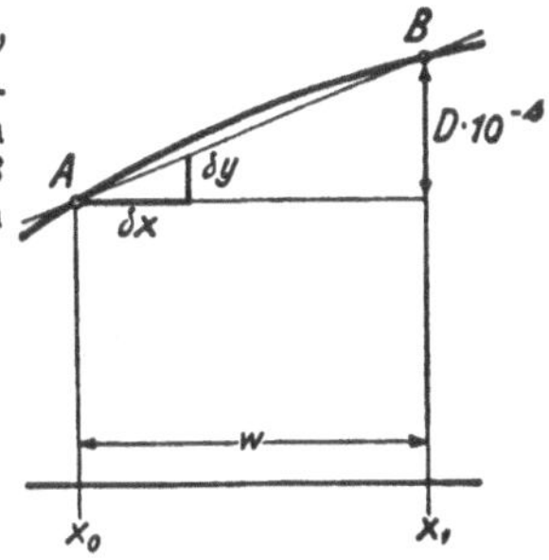

Bild 6. Intervall von der Tafelschrittweite w.

Der praktische Gebrauch verlangt noch eine weitere Vereinfachung, nämlich die Unsicherheiten δy und δx auf feste Einheiten zu beziehen. Wir beziehen

δy auf die Einheit der letzten Stelle der Eingangszahl x, also auf $w/10$,
δx auf die Einheit der letzten Stelle der Tafelzahl y, also auf $1 \cdot 10^{-s}$

und bezeichnen die zugehörigen Werte entsprechend mit $\delta_1 y = V$*) und $\delta_1 x = U$*).
Diese Werte heißen das **Genauigkeitsmaß Gm,** d. h.: ist z. B. für $\delta_1 y = 1 \cdot 10^{-s}$ $\delta_1 x = 0{,}23$, so ist für $\delta y = n \cdot 10^{-s}$ $U_n = \delta x = n \cdot \delta_1 x = n \cdot 0{,}23$.

Wir erhalten dann aus (II) die einfachen Grundformeln der Unsicherheit

(III) a) $\boxed{\delta_1 y = V = \dfrac{D \cdot 10^{-s}}{10}}$ b) $\boxed{\delta_1 x = U = \dfrac{w}{D}}$

Für das geradlinige Schaltgebiet aller Tafeln gelten daher die Sätze:

Das Genauigkeitsmaß der Tafelzahl ist direkt, das der Eingangszahl umgekehrt proportional der zugehörigen Tafeldifferenz.

Die Genauigkeit der Tafelzahl wächst mit der Zahl der Dezimalstellen und dem Sinken der Differenzen, die der Eingangszahl wächst mit dem Sinken der Schrittweite und dem Steigen der Differenzen.

Die Werte des Gm $U = \delta_1 x$ sind am Rechenschieber mit Reziprokenteilung in der Grundstellung abzulesen, für die einzelnen Tafeln in der Spalte U, und zwar für die Anfangsdifferenzen oder an beigegebenen Teilungen mühelos abzulesen. Für $V = \delta_1 y$ ist kein Rechenhilfsmittel erforderlich. Übersichtstafel für U siehe vierte Umschlagseite.

IV. Anwendungsbeispiele.

A. Genauigkeitsmaß der Tafelzahl. Fehlerübertragung von der Eingangszahl,

Tafel 1 und 2. $y = x^2$, $y = x^3$. Es gilt

(IIIa) $\boxed{\delta_1 y = V = \dfrac{D \cdot 10^{-s}}{10}}$ $\left(\begin{matrix} s = 3;\ 2;\ 1 \\ \text{Bereich I; II; III}\end{matrix}\right)$

Die Regel für die Kommaverschiebung gilt auch für $\delta_1 y$ und $\delta_1 x$.

Beisp. 5) $y = 2{,}001^2 = 4{,}004$; $D = 40$; $\delta_1 y = V = 4 \cdot 0{,}001 = \pm 0{,}004$
Für $\delta x = 0{,}003$ ist dann $\delta y = V_n = 3 \cdot \pm 0{,}004 = \pm 0{,}012$.
6) $y = 8{,}543^3 = 623{,}5$; $D = 22$; $\delta_1 y = V = 2{,}2 \cdot 0{,}1 = \pm 0{,}022$
$y = 85{,}43^3 = 623500$; $\delta y = V_n = \pm 22$.
7) Der umbaute Raum eines Hauses hat die Form eines Würfels mit der Kantenlänge $x = (12{,}60 \pm 0{,}05)$ m. Unsicherheit des Inhaltes?

Die Tafel liefert $y = 1{,}260^3 = 2{,}000$ (o. I); $D = 48$; mithin $12{,}60^3 = 2000$
$\delta_1 y = \pm 4{,}8$ und $\delta y = 5 \cdot (\pm 4{,}8) = \pm 24\ \text{m}^3$. Ergebnis: $(2000 \pm 24)\ \text{m}^3$.

B. Genauigkeitsmaß der Eingangszahl. Übertragung von der Tafelzahl.

a) Tafel 1 und 2. $\underleftarrow{y = x^2}$, $\underleftarrow{y = x^3}$

(IIIα) $\boxed{\delta_1 x = U = \dfrac{0{,}01}{D}}$ Tafelschrittweite $w = 0{,}01$

Beispiel 8a)	Beispiel 9a)
$x^2 = 40{,}45$ (o. I.); $x = 6{,}360$; $D = 13$	$x^3 = 820{,}4$; $x = 9{,}361$; $D = 27$
$\delta_1 x = U = 0{,}0008$; $x_0 = 6{,}360 \pm 0{,}0004$	$\delta_1 x = U = 0{,}0004$; $x_0 = 9{,}361 \pm 0{,}0004$
Beispiel 8b)	Beispiel 9b)
$x^2 = 4{,}045$; $x_0 = 2{,}011$; $D = 40$	$x^3 = 0{,}8204$; $x = 0{,}9361$; $D = 27$
$\delta_1 x = U = 0{,}00025$; $x_0 = 2{,}011 \pm 0{,}0003$	$\delta_1 x = U = 0{,}00004$; $x_0 = 0{,}9361 \pm 0{,}00004$

Zu 8a). Steht die Zahl des Radikanden wie 40,45 in der Tafel, d. h. ist keine Interpolation erforderlich, so beträgt der Fehler der Tafelzahl höchstens ½ Einheit der letzten Stelle. Dann ist $\delta x = \frac{1}{2} U$. Wäre $x^2 = 40{,}53$ gegeben, so ist Interpolation erforderlich.

*) Eingeführt, um Indizes zu vermeiden (Verbesserung, Unsicherheit).

Beurteilung der Genauigkeit

b) Trigonometrische Tafeln 3 und 4, 16 und 17. Für sie gilt einheitlich

(IIIβ)

$$\boxed{\delta_1 x = U = \frac{0{,}1^0}{D}}$$

Tafelschrittweite $w = 0{,}1^0$

Beispiel 10) Es soll $\delta_1 x = U$ für Tafel 3 ($y = \sin x$) bestimmt werden.

Ablesung von Gm in der Spalte U oder aus der Teilung Bild 12. Wie die Tafel zeigt, kommen von $x = 87{,}4^0$ an auf 2 bis 6 gleiche Tafelzahlen 2 bis 6 verschiedene Werte von x

x	0^0	30^0	60^0	75^0	87^0
D	17,5	15	9	5	1
U	$0{,}006^0$ $0{,}36'$	$0{,}007^0$ $0{,}4'$	$0{,}011^0$ $0{,}7'$	$0{,}02^0$ $1{,}2'$	$0{,}1^0$ $6'$

c) Tafel 15. $y = \lg x$. Wir finden in der Tafel unmittelbar nur die Mantissen der 4-stelligen Zahlen 1000, 1010, 1020 $\cdots$ als Stützen der Interpolation. Die Schrittweite der Tafel ist daher nicht 1, sondern $\underline{w = 10}$. Mithin ist

(IIIγ)

$$\boxed{\delta_1 x = U = \frac{10}{D}}.$$

Bei der vierstelligen Logarithmentafel beträgt die Unsicherheit jeder Tafelzahl allein durch das Abrunden höchstens $0{,}5 \cdot 10^{-4}$. Das ergibt eine Unsicherheit von $\delta x = 5 : D$ Einheiten der 4 Stelle der Eingangszahl (Numerus). In der Tafel sind demgemäß lediglich durch das Abrunden unsicher

am Anfang bei 1000 ($D = 43$)
$\delta x = 5 : 43 = 0{,}115$ Einheiten der 4. Stelle von x,
am Ende ,, 10000 ($D = 4{,}3$)
$\delta x = 5 : 4{,}3 = 1{,}15$,, ,, ,, ,, ,, ,,.

Das besagt: **Die Eingangszahl ist bei der 4-stelligen Tafel nie auf 5 und bei Differenzen unter 10 sogar nicht einmal auf 4 Stellen sicher.**

Nachweis an Hand der Tafel. Z. B. kann in $\lg x = 3.9952$ die letzte Ziffer 2 durch Abrunden von 1,6 bis 2,4 entstanden sein, so daß drei Werte von x zu dem gegebenen Logarithmus gehören.

Das Entsprechende gilt selbstverständlich auch für fünf- und mehrstellige Tafeln.

Beispiel 11) $y = \lg x = 3.2190$; $x = 1656$; $D = 26$. Rechnung oder Ablesung in Spalte U oder Teilung (Bild 3) ergibt $\delta_1 x = U = 10 : 26 \approx 0{,}4$, also $x_0 = 1656 \pm 0{,}4$.

Kommt zu der Unsicherheit der Tafelzahl von höchstens $1 \cdot 10^{-4}$ eine weitere durch Rechnung z. B. von $3 \cdot 10^{-4}$ hinzu, so erhält man insgesamt $\delta x = 4 \cdot \delta_1 x = \pm 1{,}6$.

Wäre $y = \lg x = 1.2190$ gegeben, so ist $x_0 = 16{,}56$ und $\delta x = \pm 0{,}016$. δx ist immer auf die 4. Stelle von x_0 zu beziehen und erfährt die gleiche Kommaverschiebung wie x.

Wichtige Zusätze. Es ist $\dfrac{d \lg x}{dx} = f'(x) = \dfrac{M}{x} = \dfrac{0{,}4343}{x}$ (Modul M siehe Tafel 18c Seite 28)

Aus (I) folgt (7a)

$$\text{(7a)} \qquad \delta x = \pm \frac{x}{M} \delta y = \pm 2{,}30 \cdot x \cdot 10^{-4} \qquad \text{(Berechnung von } \delta_1 x \text{ am Rechenschieber)}$$

Der relative Fehler für $\delta y = 1 \cdot 10^{-4}$ ist demnach

$$\text{(7b)} \qquad \frac{\delta x}{x} = \pm 2{,}30 \cdot 10^{-4},$$

mithin konstant für einen festen Tafelfehler.

Beurteilung der Genauigkeit

Aus Gl. (6) oder aus der logarithmischen Reihe folgt die bemerkenswerte Formel für die Differenzenbestimmung

$$\text{(8)} \qquad \boxed{D = \frac{10\, M}{10^{-4} \cdot x} = \frac{43{,}43}{10^{-3} \cdot x}} \qquad (\text{Fehler} < 0{,}22 \cdot 10^{-4})$$

Sie gestattet, den runden Wert der Differenzen für jede Stelle von x aus dem Kopfe anzugeben.

Beispiele 12) Die Differenz an der Stelle $x_0 = 1000$ ist $43{,}4 \approx 43$; an der Stelle $x_0 = 6000$ rd 7.

13) Die erste Zahl mit der Differenz $D = 12$ ist $43430 : 12{,}5 \approx 3480$. (Nur zwei Differenzen $D = 12$ gehen voraus).

C. Ermittlung der Unsicherheit bei zusammengesetzten Rechnungen siehe Erläuterungen.

D. Übersichtstafel der Gm $U = \delta_1 x$ für alle zweiseitigen Tafeln siehe vierte Umschlagseite.

D. Graphisches Rechnen

(Nomogramme)

1. **Herstellung einer Leiter (Skala) der Funktion $y = \log x$.**

Trage auf einen Kartonstreifen von z. B. 1 dm Länge (Bild 7, Leiter D) von einem festen Anfangspunkte aus die Werte der Logarithmen von 1, 2, 3, ..., 10 ab, so daß $\log 10 = 1$ gleich 1 dm = 100 mm wird, für $\log 1 = 0{,}00$ also 0,00 mm, für $\log 2 = 0{,}301$ 30,1 mm usw. Auf der logarithmischen Teilung oder Leiter schreibt man statt der Logarithmen die zugehörigen Zahlenwerte an.

Aufg. 1. Bestimme mit dem Stechzirkel $2 \cdot 3$; $1{,}5 \cdot 4$; $2{,}8 \cdot 2{,}5$; $9 : 4{,}5$; $7{,}65 : 1{,}5$.

Aufg. 2. Ebenso 3^2: $1{,}2^2$; 3^3; $1{,}8^3$; $\sqrt{4}$; $\sqrt{6}$; $\sqrt{5}$; $\sqrt[3]{8}$; $\sqrt[3]{6}$; $\sqrt[3]{10}$.

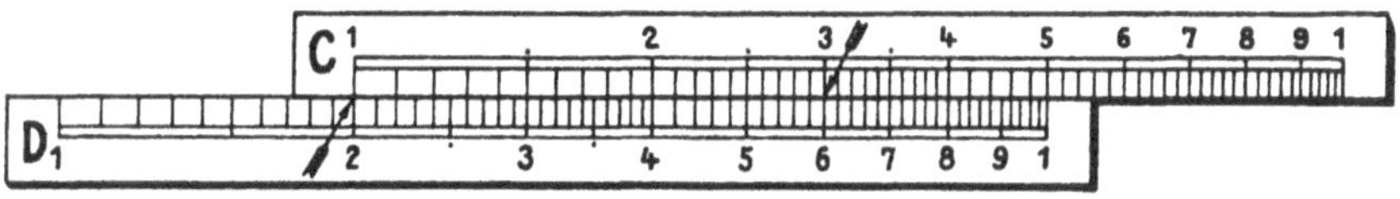

Bild 7. Logarithmische Teilung, Herstellung und Rechnen.

Fertige eine zweite Teilung (C) an und führe durch Verschieben dieser längs D einfache Rechnungen aus.

Multiplikation (Bild 7): $2 \cdot 3 = 6$; $\overline{1;2}$ (D) + $\overline{1;3}$ (C) = $\overline{1;6}$ (D).

Division (Bild 7): $6 : 3 = 2$; $\overline{1;6}$ (D) — $\overline{1;3}$ (C) = $\overline{1;2}$ (D).

2. Der **Rechenstab** (Bild 8) besteht aus 2 Teilungspaaren (A und D auf dem **Stab**, B und C auf dem im Stab beweglichen Teil, der **Zunge** oder dem **Schieber**). Die Teilungen A und B haben den halben Maßstab wie C und D, enthalten daher die Logarithmen der Zahlen von 1 → 100 (lg 100 = 2). Zum Einstellen dient ein beweglicher **Läufer**.

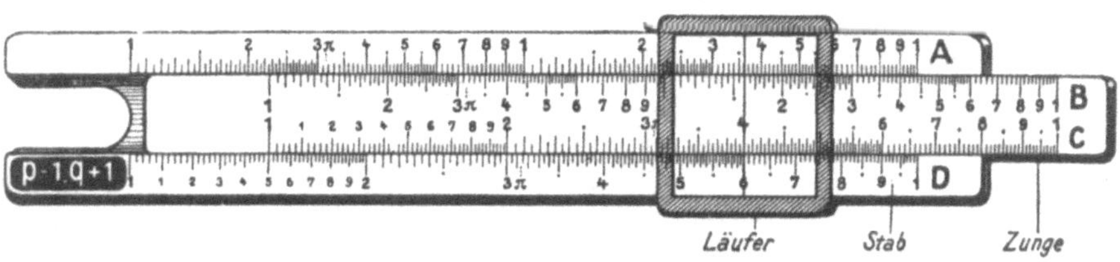

Bild 8. (Etwa $^2/_3$ der nat. Größe.) Der Rechenschieber.

Anwendung. I. Multiplikation und Division.

Beispiel 1. $2{,}2 \cdot 3{,}5 = 7{,}7$; $0{,}75 \cdot 16{,}8 = 12{,}6$; $0{,}77 : 3{,}5 = 2{,}2$. Der Stellenwert ist im Kopfe durch Überschlag zu bestimmen.

Beispiel 2. $\frac{84{,}6 \cdot 18{,}5}{48 \cdot 12{,}4} = 2{,}63$; $\frac{236 \cdot 5 \cdot 198}{100 \cdot 360} = 6{,}50$; $V = \frac{\pi}{12} \cdot 0{,}42^2 \cdot 2{,}8 = 0{,}129$.

II. **Potenzieren und Radizieren.** Stelle mit dem Läufer auf Teilung D die Zahl d (z. B. 3) ein. Die Länge der Strecke $\overline{1;d}$ ($\overline{1;3}$) ist mit Rücksicht auf den Maßstab m $m \cdot \log d$ ($m \cdot \log 3$). Zur Zahl d (3) auf D gibt der Läufer auf A a (9) an.

Es ist $m \log d = \frac{1}{2} m \log a$ oder $d^2 = a$ oder $d = \sqrt{a}$.

Beispiele: $6^2 = 36$; $3{,}22^2 = 10{,}4$; $4{,}06^2 = 16{,}5$; $\sqrt{3{,}5} = 1{,}87$; $\sqrt{0{,}113} = 0{,}336$.

III. **Rechnen mit den Funktionen Sinus und Tangens.** Auf der Rückseite des Schiebers befindet sich die Sinus- und Tangensteilung.

$24 \cdot \sin 30^0 = 12$; $1{,}6 \operatorname{tg} 28^0 30' = 0{,}87$; $9{,}5 : \sin 27{,}5^0 = 20{,}6$.

IV. **Beim Lösen von Gleichungen und Anfertigen von graphischen Darstellungen.**

Beispiel: $x^2 - 11{,}4\,x + 32 = 0$. Da für die Wurzeln x_1 und x_2 die Beziehungen $x_1 \cdot x_2 = 32$ und $x_1 + x_2 = 11{,}4$ bestehen, führt man den Schieber so ein, daß die Teilung C an A und B an D grenzt, und stellt den Endstrich (Anfangsstrich) von C auf 32 von D. Auf den Teilungen D und C stehen dann Zahlen einander gegenüber, deren Produkt 32 ist. Indem man mit dem Auge an den Teilungen D und C entlang läuft, findet man, daß die beiden gegenüberstehenden Zahlen 6,4 und 5 die Summe 11,4 ergeben. Sie sind die gesuchten Wurzeln.

3. Bild 9. Gemeinsames Nomogramm zur Auflösung der quadratischen Gleichung $x^2 + ax + b = 0$ (Gl. II) und der reduzierten kubischen Gleichung $x^3 + ax + b = 0$ (Gl. III). Begründung der Herstellung s. Erläuterungen.

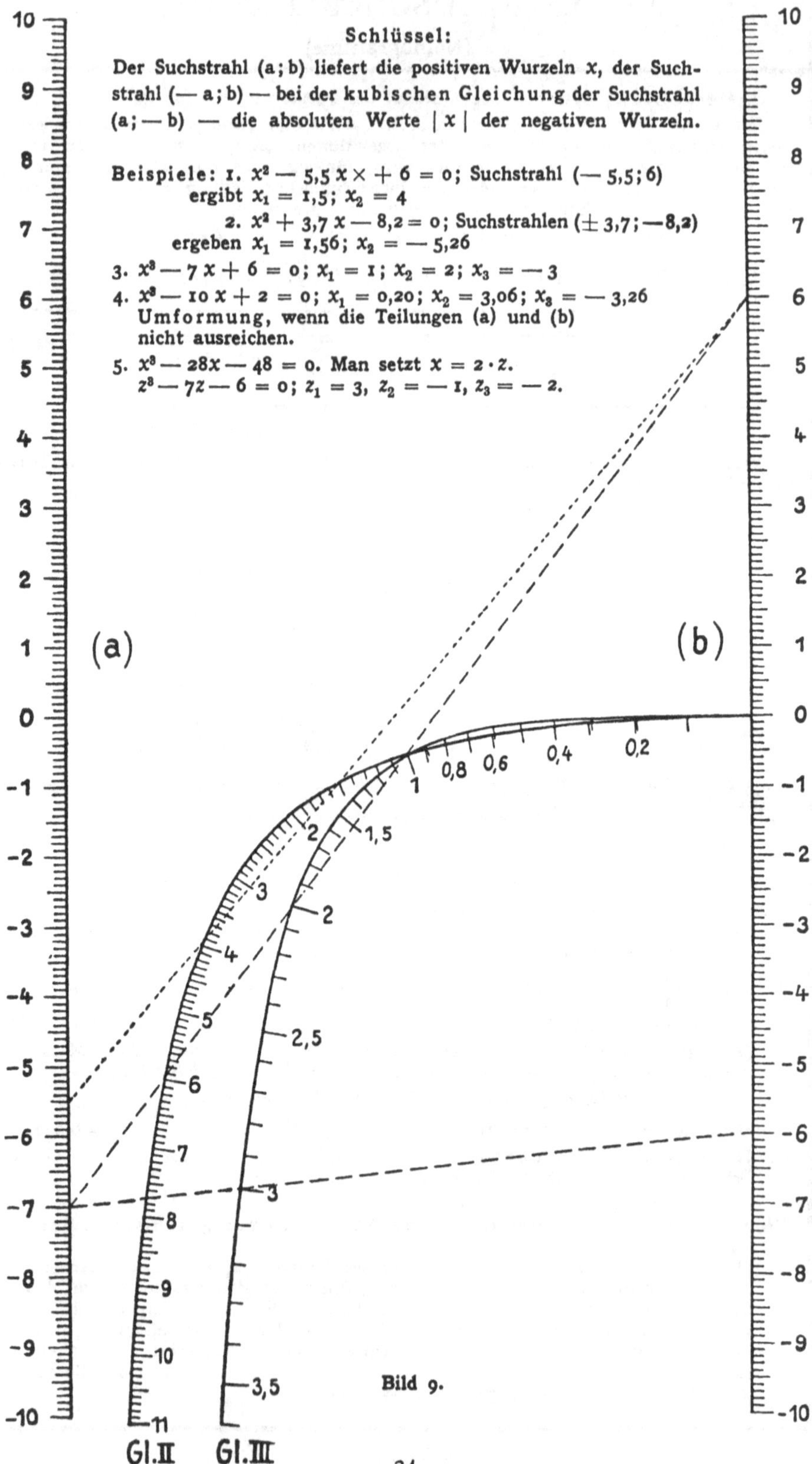

Bild 9.

Nomogramme

E. Zusammenstellung wichtiger Formeln

(Definitionen halbfett gedruckt)

I. Ebene Geometrie

1. **Dreieck**	$F = \frac{gh}{2} = \sqrt{s(s-a)(s-b)(s-c)}$;	$s = \frac{a+b+c}{2}$
gleichseitig	$h = \frac{a}{2}\sqrt{3}$; $F = \frac{a^2}{4}\sqrt{3}$;	$r = \frac{a}{3}\sqrt{3}$; $\varrho = \frac{a}{6}\sqrt{3}$.
2. **Rechteck**	$F = ab$; $d = \sqrt{a^2+b^2}$	Quadrat $F = a^2$; $d = a\sqrt{2}$
Parallelogramm	$F = gh$	Trapez $F = mh = \frac{a+c}{2}h$
		(a, c Grundseiten, m Mittellinie)
3. **Regelmäßige Vielecke**	Seite s; Anzahl der Seiten n; Halbmesser des eingeschriebenen Kreises ϱ, des umgeschriebenen r. $s = 2r\sin\frac{180^0}{n} = 2\varrho\,\mathrm{tg}\,\frac{180^0}{n}$; $F = \frac{n}{2}r^2\sin\frac{360^0}{n} = n\varrho^2\,\mathrm{tg}\,\frac{180^0}{n} = \frac{ns^2}{4}\,\mathrm{cotg}\,\frac{180^0}{n}$.	
4. **Kreis**	$U = 2\pi r = \pi d$; $F = \pi r^2 = \frac{1}{4}\pi d^2$; $b = \frac{\pi r\alpha}{180}$; **Ausschnitt** $= \frac{rb}{2} = \frac{\pi r^2\alpha}{360}$; **Abschnitt** $= \frac{r^2}{2}\left(\frac{\pi\alpha}{180} - \sin\alpha\right)$.	
5. Satzgruppe des Pythagoras a) Rechtw. Dreieck	$c^2 = a^2 + b^2$ c **Hypotenuse** a, b **Katheten**	$a^2 = cq$, $b^2 = cp$ (Kathetensatz) $h^2 = pq$ (Höhensatz) p, q **Hypotenusenabschnitte**
b) Schiefw. Dreieck	$a^2 = b^2 + c^2 - 2cp$; $\alpha < 90^0$ $a^2 = b^2 + c^2 + 2cp$; $\alpha > 90^0$	p **Projektion von b auf c.**

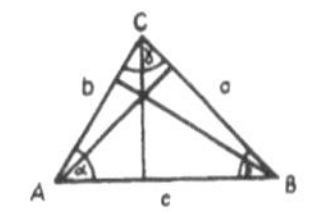

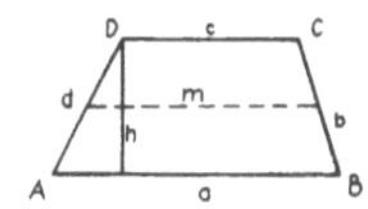

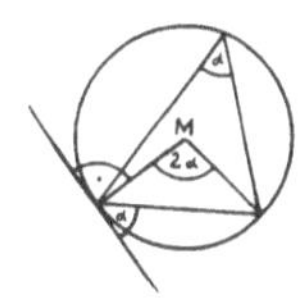

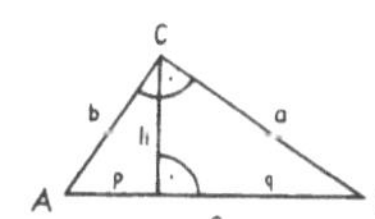

II. Stereometrie

1. Würfel	$O = 6a^2$	$V = a^3$; $d = a\sqrt{3}$
Quader	$O = 2(ab + bc + ca)$	$V = abc$; $d = \sqrt{a^2+b^2+c^2}$.
2. Prisma	—	$V = Gh$
Zylinder	$M = 2\pi rh = \pi dh$*); **M=Mantel** $O = 2\pi r(r+h)$ *)	$V = \pi r^2 h = \frac{\pi d^2}{4}h$.
3. Pyramide	—	$V = \frac{1}{3}Gh$
abgestumpft	—	$V = \frac{h}{3}(G + \sqrt{GG_1} + G_1)$.
4. Kegel	$M = \pi rs$**)	$V = \frac{1}{3}\pi r^2 h$
abgestumpft	$M = \pi s(r + r_1)$**)	$V = \frac{1}{3}\pi h(r^2 + rr_1 + r_1^2)$.

*) Gilt nur für den geraden Kreiszylinder. **) Nur für den geraden Kreiskegel.

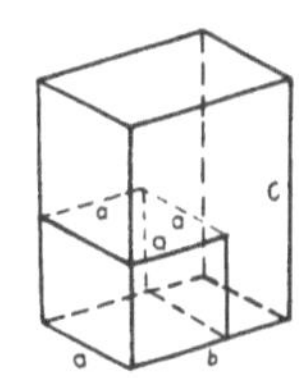

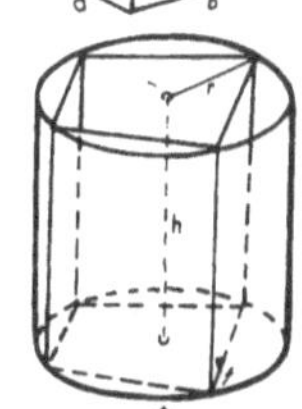

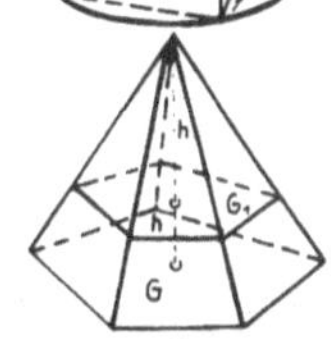

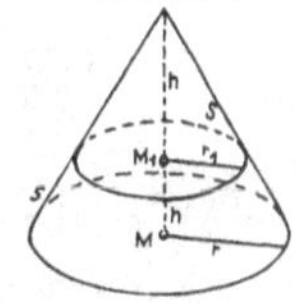

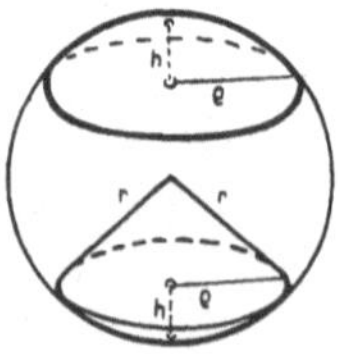

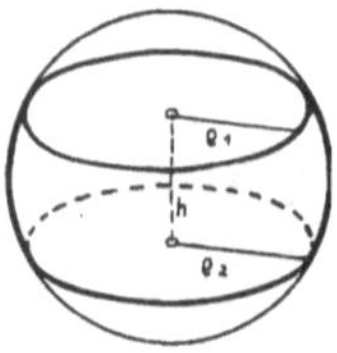

5. **Kugel**	$O = 4\pi r^2 = \pi d^2$	$V = \frac{4}{3}\pi \cdot r^3 = \frac{\pi}{6} \cdot d^3$
Ausschnitt	—	$V = \frac{2}{3}\pi \cdot r^2 h$
Abschnitt	$M = 2\pi r h$	$V = \frac{\pi h^2}{3}(3r - h) = \frac{1}{2}\pi\varrho^2 h + \frac{1}{6}\pi h^3$
Schicht	$M = 2\pi r h$	$V = \frac{\pi h}{6}(3\varrho_1^2 + 3\varrho_2^2 + h^2)$.
6. **Körperstumpf**		$V = \frac{h}{6}(G + 4S + G_1)$; S = Mittelschnitt.
7. **Guldinsche Regel**	Umdrehungsfläche = erzeugende Linie } mal Weg des Schwerpunktes Umdrehungskörper = ,, Fläche } $F = L \cdot 2\pi r$ $V = F \cdot 2\pi r$.	
8. **Gewicht**		$P = V \cdot s$ (spezif. Gew. s).

III. Arithmetik und Algebra

1. **Potenzierung und Zerlegung von Binomen**	$(a \pm b)^2 = a^2 \pm 2ab + b^2$; $(a \pm b)^3 = a^3 \pm 3a^2b + 3ab^2 \pm b^3$; $(a \pm b)^4 = a^4 \pm 4a^3b + 6a^2b^2 \pm 4ab^3 + b^4$	$a^2 - b^2 = (a + b)(a - b)$; $a^3 \pm b^3 = (a \pm b) \cdot (a^2 \mp ab + b^2)$.
2. **Arithmetisches Mittel** **Geometr. Mittel**	$x = \frac{a + b}{2}$ $x = \sqrt{ab}$	Stetige Proportion: $a : x = x : b$.
3. **Potenzen**	$a^m \cdot a^n = a^{m+n}$; $a^m : a^n = a^{m-n}$; $(a^m)^n = (a^n)^m = a^{mn}$; $(ab)^m = a^m b^m$; $(a : b)^m = a^m : b^m$; $a^0 = 1$; $a^{-n} = \frac{1}{a^n}$.	
4. **Wurzeln**	$\sqrt[n]{a} \cdot \sqrt[n]{b} = \sqrt[n]{ab}$; $\sqrt[n]{a} : \sqrt[n]{b} = \sqrt[n]{a : b}$; $\sqrt[n]{a^m} = (\sqrt[n]{a})^m$; $\sqrt[m]{\sqrt[n]{a}} = \sqrt[n]{\sqrt[m]{a}} = \sqrt[mn]{a}$; $a^{\frac{1}{p}} = \sqrt[p]{a}$.	
5. **Logarithmen**	$\log ab = \log a + \log b$; $\log (a : b) = \log a - \log b$; $\log a^n = n \log a$; $\log \sqrt[n]{a} = \frac{1}{n} \log a$	$\log a = \ln a : \ln 10$ $= 0.4343 \ln a$; $\ln a = \log a : \log e$ $= 2.3026 \log a$.
6. **Imaginäre und komplexe Zahlen** **Moivrescher Satz**	a) $i = \sqrt{-1}$; $i^1 = i$; $i^2 = -1$; $i^3 = -i$; $i^4 = +1$ b) $a + bi = r(\cos\varphi + i\sin\varphi) = r \cdot e^{i\varphi}$ Normalform; $r = \sqrt{a^2 + b^2}$; $\operatorname{tg}\varphi = \frac{b}{a}$; $\left(\sin\varphi = \frac{b}{r}\right)$ c) $(\cos\varphi \pm i\sin\varphi)^{\frac{m}{n}} = \cos\left(\frac{m}{n}\varphi\right) \pm i\sin\left(\frac{m}{n}\varphi\right)$; $\sqrt[n]{a + bi} = \sqrt[n]{r}\left(\cos\frac{\varphi + k \cdot 360^0}{n} + i\sin\frac{\varphi + k \cdot 360^0}{n}\right) = \sqrt[n]{r} \cdot e^{\frac{i\varphi}{n}}$, $k = 0, 1, 2 \ldots . n - 1$; $r = \sqrt{a^2 + b^2}$.	

7. Gleichungen a) quadratische	a) Normalform: $x^2 + ax + b = 0$; $x_{1,2} = -\frac{a}{2} \pm \sqrt{\frac{a^2}{4} - b}$; $x_1 + x_2 = -a$; $x_1 x_2 = b$.
b) kubische	b) Reduz. Form $x^3 + px + q = 0$, $x_1 + x_2 + x_3 = 0$; $x_1 x_2 x_3 = q$ } Graphische Lösung s. S. 34.
c) Näherungs-lösung von $y \equiv f(x) = 0$	c) Aus zwei Näherungswerten x_1 und x_2: $x_3 = x_1 - \frac{x_2 - x_1}{y_2 - y_1} y_1$ (Regula falsi). Aus einem Näherungswert x_1: $x_2 = x_1 - \frac{f(x_1)}{f'(x_1)}$ (Newtonsches Verfahren)
8. Arithmetische Reihen Anfangsglied a Endglied t Anzahl der Glieder n	$t = a + (n-1)d$; $s = \frac{n(a+t)}{2} = \frac{n}{2}[2a + (n-1)d]$; $\sum_{x=1}^{n} x = \frac{n(n+1)}{2}$ (Summe der ersten n Zahlen); $\sum_{x=1}^{n} x^2 = \frac{n(n+1)(2n+1)}{6}$ (Summe der ersten n Quadratzahlen); $\sum_{x=1}^{n} x^3 = \left[\frac{n(n+1)}{2}\right]^2$ (Summe der ersten n Kubikzahlen).
9. Geometrische Reihen	$t = a \cdot q^{n-1}$; $s_n = a\frac{q^n - 1}{q - 1}$ (Anfangsglied a; Endglied t; Quotient q); $\lim_{n\to\infty} s_n = \frac{a}{1-q}$ (Summe der unendl. geom. Reihe; $\lvert q \rvert < 1$).
10. a) Zusammen-gesetzter Zins. Wert regelmäß. wiederkehrend. Zahlungen b) nachschüssig c) vorschüssig	a) Endwert $k_n = kq^n$; Barwert $b = k_n\left(\frac{1}{q}\right)^n$ b) Endwert $S_n = r\frac{q^n - 1}{q - 1}$; Barwert $B = \frac{r}{q^n}\frac{q^n - 1}{q - 1}$ c) Endwert $S_n = rq\frac{q^n - 1}{q - 1}$; Barwert $B = \frac{r}{q^{n-1}}\frac{q^n - 1}{q - 1}$.
11. Anleihen	Annuität $A = \frac{Sq^n(q-1)}{q^n - 1} = S \cdot 0{,}0p : \left(1 - \frac{1}{q^n}\right)^n$ Tilgungsfuß $i = \frac{p}{q^n - 1}$; Tilgungsdauer $n = \frac{\log\left(1 + \frac{p}{i}\right)}{\log q}$.
12. Kombinatorik	Anzahl der Permutationen von n Elementen $P_n = n!$ Anzahl der Kombinationen o. W. zur p^{ten} Kl. $C_n^p = \binom{n}{p}$.
13. Binomischer Lehrsatz	$(a+b)^n = a^n + \binom{n}{1}a^{n-1}b + \binom{n}{2}a^{n-2}b^2 + \cdots + \binom{n}{n-1}ab^{n-1} + b^n$; $\binom{n}{p} = \binom{n}{n-p} = \frac{n!}{p!(n-p)!}$; $\binom{n}{p} + \binom{n}{p+1} = \binom{n+1}{p+1}$.

14. Statistik	a) n_i Häufigkeitszahlen der Klassen eines Kollektivs. k_i zugehörige Zahlen (Maßzahlen) eines Merkmals; $i = 1; 2; \cdots p$; Gesamtzahl der $n_i = \Sigma n_i$. Gewogenes arithmetisches Mittel $A = (n_1 \cdot k_1 + n_2 \cdot k_2 + \cdots n_p k_p) : \Sigma n_i$. b) Mittlere quadratische Abweichung oder Streuung: $\sigma^2 = \dfrac{n_1(k_1 - A) + n_2(k_2 - A) + \cdots n_p(k_p - A)}{\Sigma n_i}$.
15. Wahrscheinlichkeit, einfache, zusammenges.	$w = \dfrac{g}{m}$; $u = 1 - w$; $w_z = w_1 + w_2$; $w_z = w_1 \cdot w_2$.
16. Lebensversich.	Siehe Sterbetafel.

IV. Goniometrie und Trigonometrie

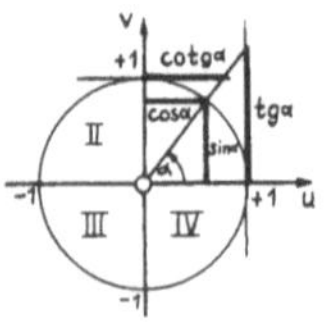

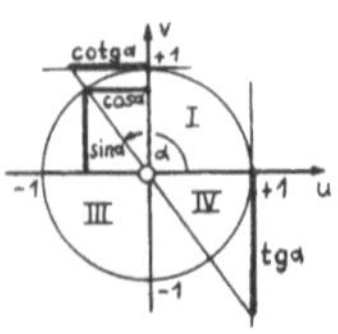

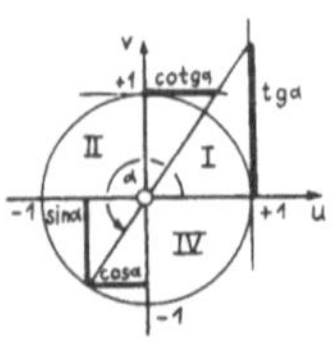

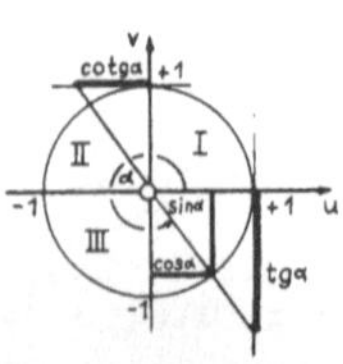

1. Vorzeichen in den vier Quadranten

	sin	cos	tg	cotg
I	+	+	+	+
II	+	—	—	—
III	—	—	+	+
IV	—	+	—	—

$\sin(90^0 \pm \alpha) = \cos\alpha$ $\qquad$ $\sin(180^0 \pm \alpha) = \mp \sin\alpha$

$\cos(90^0 \pm \alpha) = \mp \sin\alpha$ $\qquad$ $\cos(180^0 \pm \alpha) = -\cos\alpha$

$\mathrm{tg}(90^0 \pm \alpha) = \mp \mathrm{cotg}\,\alpha$ $\qquad$ $\mathrm{tg}(180^0 \pm \alpha) = \pm \mathrm{tg}\,\alpha$

$\mathrm{cotg}(90^0 \pm \alpha) = \mp \mathrm{tg}\,\alpha$ $\qquad$ $\mathrm{cotg}(180^0 \pm \alpha) = \pm \mathrm{cotg}\,\alpha$

2. Grenzwerte und besondere Werte

	0^0	30^0	45^0	60^0	90^0	180^0	270^0	360^0
sin	0	$\frac{1}{2}$	$\frac{1}{2}\sqrt{2}$	$\frac{1}{2}\sqrt{3}$	1	0	-1	0
cos	1	$\frac{1}{2}\sqrt{3}$	$\frac{1}{2}\sqrt{2}$	$\frac{1}{2}$	0	-1	0	1
tg	0	$\frac{1}{3}\sqrt{3}$	1	$\sqrt{3}$	$\pm\infty$	0	$\pm\infty$	0
cotg	$\pm\infty$	$\sqrt{3}$	1	$\frac{1}{3}\sqrt{3}$	0	$\pm\infty$	0	$\pm\infty$

3. Zusammenhang der Funktionen

a) $\sin^2\alpha + \cos^2\alpha = 1$ $\qquad$ b) $\mathrm{tg}\,\alpha = \dfrac{\sin\alpha}{\cos\alpha}$

c) $\mathrm{cotg}\,\alpha = \dfrac{\cos\alpha}{\sin\alpha}$ $\qquad$ d) $\mathrm{tg}\,\alpha \cdot \mathrm{cotg}\,\alpha = 1$

e) $\sin\alpha = \dfrac{\mathrm{tg}\,\alpha}{\sqrt{1 + \mathrm{tg}^2\alpha}}$ $\qquad$ f) $\cos\alpha = \dfrac{1}{\sqrt{1 + \mathrm{tg}^2\alpha}}$.

4. Funktionen zweier Winkel

a) $\sin(\alpha \pm \beta) = \sin\alpha\cos\beta \pm \cos\alpha\sin\beta$;

$\cos(\alpha \pm \beta) = \cos\alpha\cos\beta \mp \sin\alpha\sin\beta$;

$\mathrm{tg}(\alpha \pm \beta) = \dfrac{\mathrm{tg}\,\alpha \pm \mathrm{tg}\,\beta}{1 \mp \mathrm{tg}\,\alpha\,\mathrm{tg}\,\beta}$;

$\mathrm{cotg}(\alpha \pm \beta) = \dfrac{\mathrm{cotg}\,\alpha\,\mathrm{cotg}\,\beta \mp 1}{\mathrm{cotg}\,\beta \pm \mathrm{cotg}\,\alpha}$

b) $\sin\alpha + \sin\beta = 2\sin\dfrac{\alpha+\beta}{2}\cos\dfrac{\alpha-\beta}{2}$;

$\sin\alpha - \sin\beta = 2\cos\dfrac{\alpha+\beta}{2}\sin\dfrac{\alpha-\beta}{2}$;

$\cos\alpha + \cos\beta = 2\cos\dfrac{\alpha+\beta}{2}\cos\dfrac{\alpha-\beta}{2}$;

$\cos\alpha - \cos\beta = -2\sin\dfrac{\alpha+\beta}{2}\sin\dfrac{\alpha-\beta}{2}$.

5. Doppelter und halber Winkel

a) $\sin 2\alpha = 2\sin\alpha\cos\alpha$ $\qquad$ b) $\cos 2\alpha = \cos^2\alpha - \sin^2\alpha = 2\cos^2\alpha - 1$

c) $\mathrm{tg}\,2\alpha = \dfrac{2\,\mathrm{tg}\,\alpha}{1 - \mathrm{tg}^2\alpha}$ $\qquad$ d) $\mathrm{cotg}\,2\alpha = \dfrac{\mathrm{cotg}^2\alpha - 1}{2\,\mathrm{cotg}\,\alpha}$

e) $2\sin^2\dfrac{\alpha}{2} = 1 - \cos\alpha$ $\qquad$ f) $2\cos^2\dfrac{\alpha}{2} = 1 + \cos\alpha$.

6. Sinussatz	$\frac{a}{\sin\alpha} = \frac{b}{\sin\beta} = \frac{c}{\sin\gamma} = 2r.$
7. Kosinussatz	$a^2 = b^2 + c^2 - 2bc\cos\alpha.$
8. Halbwinkelsatz	$\operatorname{tg}\frac{\alpha}{2} = \frac{\varrho}{s-a} = \sqrt{\frac{(s-b)(s-c)}{s(s-a)}}.$
9. Tangenssatz	$\frac{a+b}{a-b} = \frac{\operatorname{tg}\frac{\alpha+\beta}{2}}{\operatorname{tg}\frac{\alpha-\beta}{2}}.$
10. Flächeninhalt des Dreiecks	$F = \frac{1}{2}ab\sin\gamma = 2r^2\sin\alpha\sin\beta\sin\gamma = \varrho s.$

V. Sphärische Trigonometrie

1. Kosinussatz	a) für die **Seiten** $\cos a = \cos b\cos c + \sin b\sin c\cos\alpha$ b) für die **Winkel** $\cos\alpha = -\cos\beta\cos\gamma + \sin\beta\sin\gamma\cos a.$
2. Sinussatz	$\frac{\sin a}{\sin\alpha} = \frac{\sin b}{\sin\beta} = \frac{\sin c}{\sin\gamma}.$
3. Nepersche Analogien	a) $\operatorname{tg}\frac{a+b}{2} = \left(\cos\frac{\alpha-\beta}{2} : \cos\frac{\alpha+\beta}{2}\right)\operatorname{tg}\frac{c}{2}$ b) $\operatorname{tg}\frac{a-b}{2} = \left(\sin\frac{\alpha-\beta}{2} : \sin\frac{\alpha+\beta}{2}\right)\operatorname{tg}\frac{c}{2}$ c) $\operatorname{tg}\frac{\alpha+\beta}{2} = \left(\cos\frac{a-b}{2} : \cos\frac{a+b}{2}\right)\operatorname{cotg}\frac{\gamma}{2}$ d) $\operatorname{tg}\frac{\alpha-\beta}{2} = \left(\sin\frac{a-b}{2} : \sin\frac{a+b}{2}\right)\operatorname{cotg}\frac{\gamma}{2}.$
4. Sphärisches Dreieck	$F = \frac{\alpha+\beta+\gamma-180^0}{360^0}2\pi r^2 = \frac{\varepsilon}{360}2\pi r^2.$
5. Rechtw. Dreieck (c Hypotenuse) 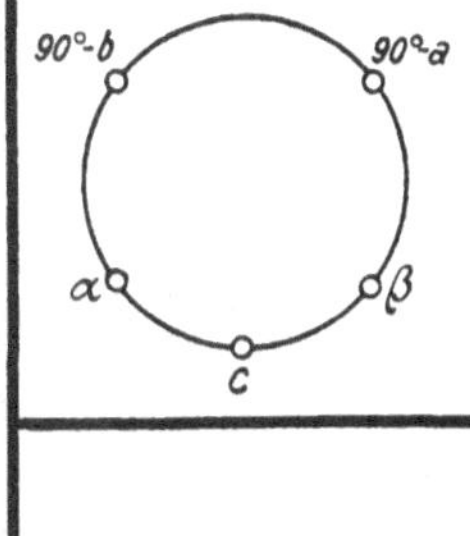	a) $\cos c = \cos a\cos b$ b) $\cos c = \operatorname{cotg}\alpha\operatorname{cotg}\beta$ c) $\cos\alpha = \operatorname{tg} b\operatorname{cotg} c$ d) $\cos a = \cos\alpha : \sin\beta$ e) $\sin\alpha = \sin a : \sin c$ f) $\operatorname{tg}\alpha = \operatorname{tg} a : \sin b.$ (Sinussatz) Nepersche Regel: Der Kosinus eines Stückes ist gleich dem Produkt der Sinus zweier nicht benachbarter Stücke oder gleich dem Produkt der Kotangenten der beiden anliegenden Stücke.

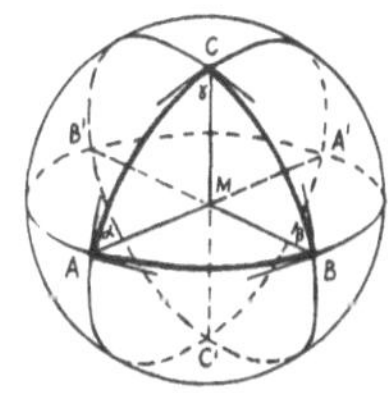

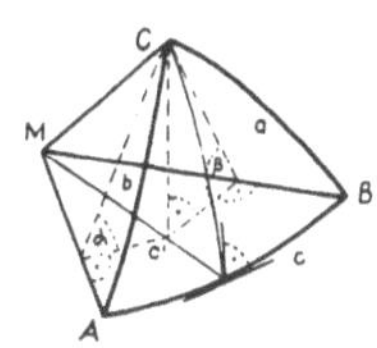

VI. Analytische Geometrie

1. a) Abstand zweier Punkte	$d = \sqrt{(x_2 - x_1)^2 + (y_2 - y_1)^2}$
b) Richtung einer Strecke P_1P_2	$\operatorname{tg}\alpha = (y_2 - y_1) : (x_2 - x_1) = m$
c) Mittelpunkt einer Strecke	$x_m = \frac{x_1 + x_2}{2};\quad y_m = \frac{y_1 + y_2}{2}$
d) Teilpunkt einer Strecke Schnittverhältnis λ	$x_s = \frac{x_1 + \lambda x_2}{1 + \lambda};\quad y_s = \frac{y_1 + \lambda y_2}{1 + \lambda}$
e) Flächeninhalt eines Dreiecks	$F = \frac{1}{2}[y_1(x_2 - x_3) + y_2(x_3 - x_1) + y_3(x_1 - x_2)].$

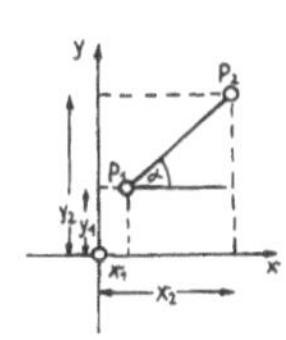

2. Änderung d. Koordinatensystems

a) Parallelverschiebung: $x = x' + a; \quad y = y' + b$

b) Drehung eines rechtwinkligen Systems um O um den Winkel a: $\begin{cases} x = x' \cos\alpha - y' \sin\alpha; \\ y = x' \sin\alpha + y' \cos\alpha \end{cases}$

c) Überführung eines rechtwinkl. Systems in ein schiefwinkliges: $\begin{cases} x = x' \cos\alpha + y' \cos\beta; & \sphericalangle(xx') = \alpha; \\ y = x' \sin\alpha + y' \sin\beta; & \sphericalangle(xy') = \beta. \end{cases}$

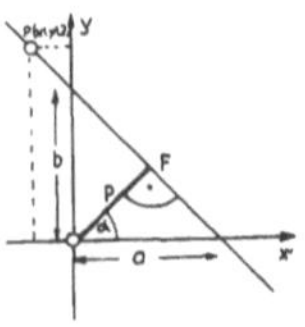

3. Die gerade Linie

a) Normalform der Gleichung: $y = mx + b$ (m = Richtungskonstante)

b) Abschnittsgleichung: $\frac{x}{a} + \frac{y}{b} = 1$

c) Gleichung der Geraden durch einen bzw. zwei Punkte: $y - y_1 = m(x - x_1) = \frac{y_2 - y_1}{x_2 - x_1}(x - x_1)$

d) Hessesche Normalform: $x \cos\alpha + y \sin\alpha - p = 0$

e) Winkel zweier Geraden: $\operatorname{tg} \varphi = \frac{m_2 - m_1}{1 + m_1 m_2}; \quad \begin{cases} \text{für } m_2 = m_1 \text{ ist } g_2 \parallel g_1. \\ \text{,, } m_2 = -\frac{1}{m_1} \text{ ,, } g_2 \perp g_1. \end{cases}$

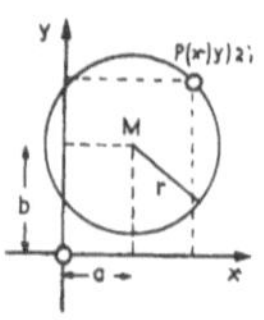

4. Der Kreis

a) Gleichung (Mittelpunkt a; b): $(x - a)^2 + (y - b)^2 = r^2$

(Mittelpunkt **0**; **0**): $x^2 + y^2 = r^2$

b) Tangentengleichung (Polare): $(x - a)(x_1 - a) + (y - b)(y_1 - b) = r^2$

$xx_1 + yy_1 = r^2.$

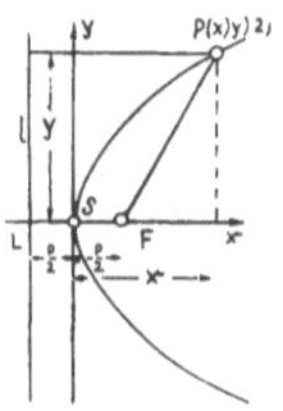

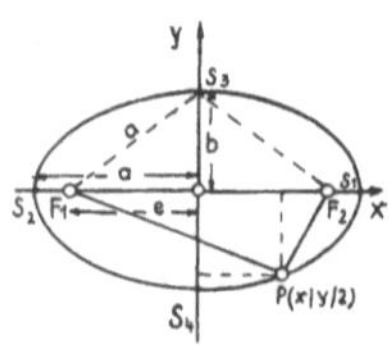

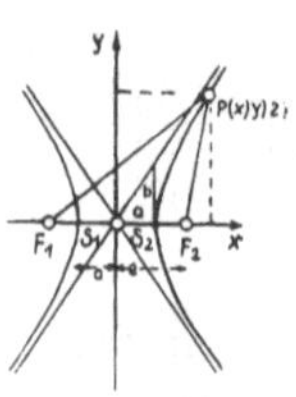

5. Kegelschnitte	Parabel	Ellipse	Hyperbel
Exzentrizität e	—	$e^2 = a^2 - b^2$	$e^2 = a^2 + b^2$
Numerische Exz.	$\varepsilon = 1$	$\varepsilon = \frac{e}{a} < 1$	$\varepsilon = \frac{e}{a} > 1$
Parameter	$2p$	$2p = \frac{2b^2}{a}$	$2p = \frac{2b^2}{a}$
Scheitelgleichung	$y^2 = 2px$	$y^2 = 2px - \frac{p}{a}x^2$	$y^2 = 2px + \frac{p}{a}x^2$
Mittelpunktsgl.	—	$\frac{x^2}{a^2} + \frac{y^2}{b^2} = 1$	$\frac{x^2}{a^2} - \frac{y^2}{b^2} = 1$
Polargleichung in bezug auf einen Brennpunkt als Pol	$r = \frac{p}{1 - \cos\varphi}$	$r = \frac{p}{1 - \varepsilon\cos\varphi}$ $F = (-e;\ 0)$	$r = \frac{p}{1 - \varepsilon\cos\varphi}$ $F = (+e;\ 0)$
Tangente (Polare)	$yy_1 = p(x + x_1)$	$\frac{xx_1}{a^2} + \frac{yy_1}{b^2} = 1$	$\frac{xx_1}{a^2} - \frac{yy_1}{b^2} = 1$
Konj. Durchmesser	$y = \frac{p}{m}$	$y = mx,\ y = m'x$ $mm' = -\frac{b^2}{a^2}$	$mm' = \frac{b^2}{a^2}$
Asymptoten	—	—	$y = \pm\frac{b}{a}x$
Fläche	Abschnitt $F = \frac{4}{3}x_1 y_1$	Gesamtinhalt $F = \pi ab$	
Allgemeine Gleichung	$Ax^2 + By^2 + 2Cxy + 2Dx + 2Ey + F = 0$ Drehung des Koordinatensystems um α $\left(\operatorname{tg} 2\alpha = \frac{2C}{A - B}\right)$ ergibt $ax'^2 + by'^2 + 2cx' + 2dy' + e = 0.$		

Mathem. Formeln

VII. Differential- und Integralrechnung

1. Differentialformeln a)—e) einfacher Funktionen	a) $\frac{dx^n}{dx} = nx^{n-1}$ b) $\frac{de^x}{dx} = e^x$ c) $\frac{da^x}{dx} = a^x \ln a$ d) $\frac{d \ln x}{dx} = \frac{1}{x}$ e) $\frac{d \log x}{dx} = \frac{1}{x} \log e$ ($\log e = M = 0{,}4343$)
f) einer Summe	f) $\frac{d(u+v)}{dx} = \frac{du}{dx} + \frac{dv}{dx}$; u und v sind Funktionen von x
g) eines Produktes h) eines Quotienten	g) $\frac{d(uv)}{dx} = v\frac{du}{dx} + u\frac{dv}{dx}$ h) $\frac{d\left(\frac{u}{v}\right)}{dx} = \frac{v\frac{du}{dx} - u\frac{dv}{dx}}{v^2}$
i) einer Funktion einer Funktion	i) $\frac{dy}{dx} = \frac{dy}{dz}\frac{dz}{dx}$, $y = f(z)$; $z = \varphi(x)$ (Kettenregel)
k) einer Umkehrungsfunktion	k) $\frac{dy}{dx} = 1 : \frac{dx}{dy}$
l) der trigonometrischen Funktionen	l) $\frac{d \sin x}{dx} = \cos x$; $\frac{d \cos x}{dx} = -\sin x$; $\frac{d \operatorname{tg} x}{dx} = \frac{1}{\cos^2 x}$; $\frac{d(\operatorname{cotg} x)}{dx} = -\frac{1}{\sin^2 x}$
m) der zyklometrischen Funktionen	m) $\frac{d(\operatorname{arc} \sin x)}{dx} = \frac{1}{\sqrt{1-x^2}}$; $\frac{d(\operatorname{arc} \cos x)}{dx} = -\frac{1}{\sqrt{1-x^2}}$; $\frac{d(\operatorname{arc} \operatorname{tg} x)}{dx} = \frac{1}{1+x^2}$; $\frac{d(\operatorname{arc} \operatorname{cotg} x)}{dx} = -\frac{1}{1+x^2}$.
2. Unendliche Reihen	a) $e = \lim_{n\to\infty}\left(1+\frac{1}{n}\right)^n = 1 + \frac{1}{1!} + \frac{1}{2!} + \frac{1}{3!} + \cdots$; $e^x = \lim_{n\to\infty}\left(1+\frac{x}{n}\right)^n = 1 + \frac{x}{1!} + \frac{x^2}{2!} + \frac{x^3}{3!} + \cdots$
b) Mittelwertsatz Andere Form	b) $f(b) - f(a) = (b-a)\, f'(\xi)$; $(a < \xi < b)$ $f(x+h) = f(x) + hf'(x + \vartheta h)$; $(0 < \vartheta < 1)$
c) Maclaurinsche Formel	c) $f(x) = f(0) + \frac{x}{1!}f'(0) + \frac{x^2}{2!}f''(0) \cdots + \frac{x^{n-1}}{(n-1)!}f^{(n-1)}(0) + R_n$; Restglied $R_n = \frac{x^n}{n!} f^n(\vartheta x)$; $(0 < \vartheta < 1)$
d) Binomische Reihe Für $p = -1$	d) $(1+x)^p = 1 + \binom{p}{1}x + \binom{p}{2}x^2 + \binom{p}{3}x^3 + \cdots$ p beliebig reell $(\lvert x \rvert < 1)$ $\frac{1}{a \pm x} = \frac{1}{a} \mp \frac{x}{a^2} + \frac{x^2}{a^3} \mp \frac{x^3}{a^4} + \cdots$ $\left(\left\lvert \frac{x}{a} \right\rvert < 1\right)$
	e) $\sin x = x - \frac{x^3}{3!} + \frac{x^5}{5!} - \frac{x^7}{7!} + \cdots$; $\cos x = 1 - \frac{x^2}{2!} + \frac{x^4}{4!} - \frac{x^6}{6!} + \cdots$
	f) $\operatorname{arc} \operatorname{tg} x = x - \frac{x^3}{3} + \frac{x^5}{5} - \frac{x^7}{7} + \cdots (-1 < x \leqq +1)$
	g) $\ln(1+x) = x - \frac{x^2}{2} + \frac{x^3}{3} - \frac{x^4}{4} + \cdots (-1 < x \leqq +1)$
h) Taylorsche Formel	h) $f(x+h) = f(x) + \frac{h}{1!}f'(x) + \frac{h^2}{2!}f''(x) + \cdots + R_n$; Restglied $R_n = \frac{h^n}{n!}f^{(n)}(\xi)$; $x < \xi < (x+h)$

3. Grundintegrale (ohne Konstanten)	a) $\int a x^n \, dx = a \frac{x^{n+1}}{n+1}$ $(n \neq -1)$ b) $\int \sqrt{x} \, dx = \frac{2}{3} x \sqrt{x}$ c) $\int \frac{dx}{\sqrt{x}} = 2\sqrt{x}$ d) $\int \frac{dx}{x} = \ln x$ e) $\int e^x \, dx = e^x$ f) $\int a^x \, dx = \frac{a^x}{\ln a}$ g) $\int \sin x \, dx = -\cos x$ h) $\int \cos x \, dx = \sin x$ i) $\int \frac{dx}{\sin^2 x} = -\operatorname{cotg} x$ k) $\int \frac{dx}{\cos^2 x} = \operatorname{tg} x$ l) $\int \frac{dx}{\sqrt{1-x^2}} = \operatorname{arc\,sin} x$ m) $\int \frac{dx}{1+x^2} = \operatorname{arc\,tg} x$ n) $\int \operatorname{tg} x \, dx = -\ln \cos x$ o) $\int \operatorname{cotg} x \, dx = \ln \sin x$.
4. Integrationsregeln c) Partielle Integration d) Bestimmte Intregale	a) $\int A f(x) \, dx = A \int f(x) \, dx$ (A konstant) b) $\int (u+v) \, dx = \int u \, dx + \int v \, dx$ c) $\int u \, dv = u \cdot v - \int v \, du$ (b, c: $u = u(x)$, $v = v(x)$) d) $\int_a^b f(x) \, dx = -\int_b^a f(x) \, dx$ $= \int_a^{x_0} f(x) \, dx + \int_{x_0}^b f(x) \, dx$.

VIII. Näherungsformeln für das Rechnen mit kleinen Größen

Die mit x, y und $\frac{b}{a}$ bezeichneten Größen sollen so klein sein, daß ihre höheren Potenzen sowie ihre Produkte vernachlässigt werden dürfen.	a) $(1 \pm x)^2 \approx 1 \pm 2x$ b) $(1 \pm x)^m \approx 1 \pm mx$ c) $\frac{1}{1 \pm x} \approx 1 \mp x$ d) $\frac{1}{(1 \pm x)^2} \approx 1 \mp 2x$ e) $\sqrt{1 \pm x} \approx 1 \pm \frac{1}{2} x$ f) $\frac{1}{\sqrt{1 \pm x}} \approx 1 \mp \frac{1}{2} x$ g) $(1 \pm x)(1 \pm y) \approx 1 \pm x \pm y$ h) $\sqrt{a^2 + b^2} \approx a\left(1 \pm \frac{1}{2} \frac{b^2}{a^2}\right)$ i) $\sin x \approx \operatorname{tg} x \approx x$; $\cos x \approx 1$ k) $\sin(\alpha + x) \approx \sin\alpha + x \cos\alpha$ (i, k: x im Bogenmaß).

Mathem. Formeln

IX. Vektorrechnung

1. Bezeichnungen	$\lvert\mathfrak{a}\rvert = a$ (Länge von $\mathfrak{a}$) $\mathfrak{a}^0 = \frac{\mathfrak{a}}{\lvert\mathfrak{a}\rvert}$ (Einheitsvektor in Richtung $\mathfrak{a}$)
Nullvektor	$\mathfrak{o} = \mathfrak{a} - \mathfrak{a}$; $\lvert\mathfrak{o}\rvert = 0$ (richtungsloser Vektor)
Parallelität	$\mathfrak{a} \parallel \mathfrak{a}^0$; $\mathfrak{a}^0 \parallel \mathfrak{b}^0$, wenn $\mathfrak{a}^0 = \pm\,\mathfrak{b}^0$ und umgekehrt, falls $\mathfrak{a} \neq \mathfrak{o}$, $\mathfrak{b} \neq \mathfrak{o}$
2. Summenbildung	$\mathfrak{c} = \mathfrak{a} + \mathfrak{b}$; $\lvert\mathfrak{c}\rvert^2 = \lvert\mathfrak{a}\rvert^2 + \lvert\mathfrak{b}\rvert^2 - 2\,\lvert\mathfrak{a}\rvert\;\lvert\mathfrak{b}\rvert \cos(\mathfrak{a}, \mathfrak{b})$
Komponenten	$\mathfrak{a} = a_x\mathfrak{i} + a_y\mathfrak{j} + a_z\mathfrak{k}$ (Addition komponentenweise) (a_x, a_y, a_z Koordinaten von $\mathfrak{a}$; $\mathfrak{i}, \mathfrak{j}, \mathfrak{k}$ Einheitsvektoren in Achsenrichtung)
Rechengesetze	$\mathfrak{a} + \mathfrak{b} = \mathfrak{b} + \mathfrak{a}$ (Vertauschbarkeitsgesetz) $\mathfrak{a} + (\mathfrak{b} + \mathfrak{c}) = (\mathfrak{a} + \mathfrak{b}) + \mathfrak{c}$ (Verbindungsgesetz)
3. Skalarprodukt (inneres Produkt)	$\mathfrak{a} \cdot \mathfrak{b} = \lvert\mathfrak{a}\rvert \cdot \lvert\mathfrak{b}\rvert \cdot \cos(\mathfrak{a}, \mathfrak{b})$ (kein Vektor) $\mathfrak{a} \cdot \mathfrak{b} = a_x b_x + a_y b_y + a_z b_z$ $\mathfrak{a} \cdot \mathfrak{a} = \mathfrak{a}^2 = a_x^2 + a_y^2 + a_z^2 = \lvert\mathfrak{a}\rvert^2$
Orthogonalität	$\mathfrak{a} \cdot \mathfrak{b} = 0$, wenn $\mathfrak{a} \perp \mathfrak{b}$ und umgekehrt ($\mathfrak{a} \neq \mathfrak{o}$, $\mathfrak{b} \neq \mathfrak{o}$) $\mathfrak{i}\mathfrak{j} = \mathfrak{j}\mathfrak{k} = \mathfrak{k}\mathfrak{i} = 0$; $\mathfrak{i}^2 = \mathfrak{j}^2 = \mathfrak{k}^2 = 1$
Rechengesetze	$\mathfrak{a} \cdot \mathfrak{b} = \mathfrak{b} \cdot \mathfrak{a}$ (Vertauschbarkeitsgesetz) $\mathfrak{a}(\mathfrak{b} + \mathfrak{c}) = \mathfrak{a}\mathfrak{b} + \mathfrak{a}\mathfrak{c}$ (Verteilungsgesetz) $t\,(\mathfrak{a}\mathfrak{b}) = t\,\mathfrak{a} \cdot \mathfrak{b} = \mathfrak{a} \cdot t\mathfrak{b}$
4. Vektorprodukt (äußeres oder Kreuzprodukt)	$\mathfrak{c} = \mathfrak{a} \times \mathfrak{b} = \begin{vmatrix} \mathfrak{i} & \mathfrak{j} & \mathfrak{k} \\ a_x & a_y & a_z \\ b_x & b_y & b_z \end{vmatrix}$; $c_x = a_y b_z - a_z b_y$, $c_y = a_z b_x - a_x b_z$, $c_z = a_x b_y - a_y b_x$ $\lvert\mathfrak{a} \times \mathfrak{b}\rvert = \lvert\mathfrak{a}\rvert \cdot \lvert\mathfrak{b}\rvert \cdot \sin(\mathfrak{a}, \mathfrak{b})$; $\mathfrak{a} \times \mathfrak{b} \perp \mathfrak{a}$; $\mathfrak{a} \times \mathfrak{b} \perp \mathfrak{b}$ $\lvert\mathfrak{a} \times \mathfrak{b}\rvert = \lvert\mathfrak{a}\rvert \cdot \lvert\mathfrak{b}\rvert$, wenn $\mathfrak{a} \perp \mathfrak{b}$ und umgekehrt, $\lvert\mathfrak{a} \times \mathfrak{b}\rvert = 0$, wenn $\mathfrak{a} \parallel \mathfrak{b}$ falls $\mathfrak{a} \neq \mathfrak{o}$, $\mathfrak{b} \neq \mathfrak{o}$
Rechengesetze	$\mathfrak{a} \times \mathfrak{b} = -\mathfrak{b} \times \mathfrak{a}$; $\mathfrak{i} \times \mathfrak{j} = -\mathfrak{j} \times \mathfrak{i} = \mathfrak{k}$ $\mathfrak{a} \times (\mathfrak{b} + \mathfrak{c}) = \mathfrak{a} \times \mathfrak{b} + \mathfrak{a} \times \mathfrak{c}$; $\mathfrak{j} \times \mathfrak{k} = -\mathfrak{k} \times \mathfrak{j} = \mathfrak{i}$ $t\,(\mathfrak{a} \times \mathfrak{b}) = t\mathfrak{a} \times \mathfrak{b} = \mathfrak{a} \times t\mathfrak{b}$; $\mathfrak{k} \times \mathfrak{i} = -\mathfrak{i} \times \mathfrak{k} = \mathfrak{j}$
5. Spatprodukt (skalares Produkt dreier Vektoren)	$(\mathfrak{a}, \mathfrak{b}, \mathfrak{c}) = \begin{vmatrix} a_x & a_y & a_z \\ b_x & b_y & b_z \\ c_x & c_y & c_z \end{vmatrix} = \mathfrak{a}(\mathfrak{b} \times \mathfrak{c}) = \mathfrak{b}(\mathfrak{c} \times \mathfrak{a}) = \mathfrak{c}(\mathfrak{a} \times \mathfrak{b})$ $(\mathfrak{a}, \mathfrak{b}, \mathfrak{c}) = (\mathfrak{b}, \mathfrak{c}, \mathfrak{a}) = (\mathfrak{c}, \mathfrak{a}, \mathfrak{b}) = -(\mathfrak{c}, \mathfrak{b}, \mathfrak{a}) = -(\mathfrak{a}, \mathfrak{c}, \mathfrak{b}) = -(\mathfrak{b}, \mathfrak{a}, \mathfrak{c})$ $(\mathfrak{a}, \mathfrak{b}, \mathfrak{c}) = V\,(\mathfrak{a}, \mathfrak{b}, \mathfrak{c})$ Volumen des von $\mathfrak{a}$, $\mathfrak{b}$ und $\mathfrak{c}$ gebildeten Parallelepipedons (Spats). $V > 0$ / $V = 0$ / $V < 0$ wenn $\mathfrak{a}, \mathfrak{b}, \mathfrak{c}$ ein Rechtssystem bilden / in einer Ebene liegen / ein Linkssystem bilden

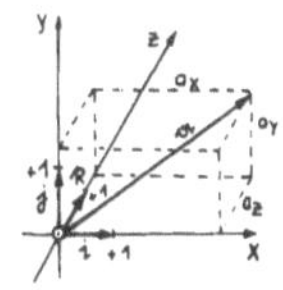

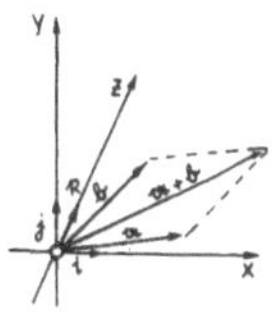

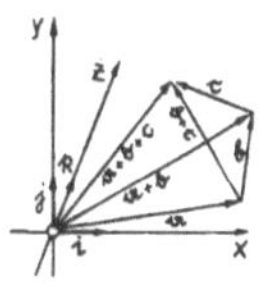

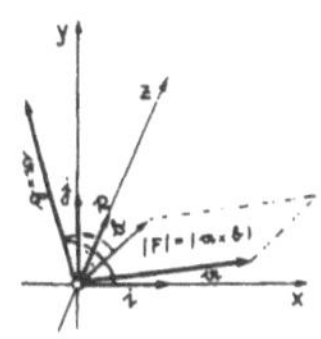

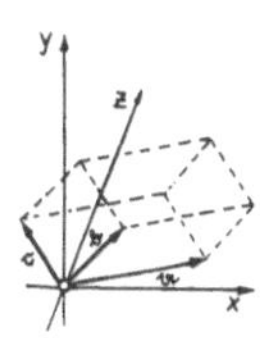

Mathem. Formeln

6. Entwicklungssatz Identität von Lagrange	$\mathfrak{a}\times(\mathfrak{b}\times\mathfrak{c}) = (\mathfrak{c}\mathfrak{a})\mathfrak{b} - (\mathfrak{a}\mathfrak{b})\mathfrak{c}$ $(\mathfrak{a}\times\mathfrak{b})\times\mathfrak{c} = (\mathfrak{c}\mathfrak{a})\mathfrak{b} - (\mathfrak{b}\mathfrak{c})\mathfrak{a}$ $(\mathfrak{a}\times\mathfrak{b})(\mathfrak{c}\times\mathfrak{d}) = ((\mathfrak{a}\times\mathfrak{b})\times\mathfrak{c})\mathfrak{d} = \begin{vmatrix}\mathfrak{a}\mathfrak{c} & \mathfrak{a}\mathfrak{b}\\ \mathfrak{b}\mathfrak{c} & \mathfrak{b}\mathfrak{d}\end{vmatrix}$ $(\mathfrak{a}\times\mathfrak{b})\times(\mathfrak{c}\times\mathfrak{d}) = (\mathfrak{a},\mathfrak{b},\mathfrak{d})\mathfrak{c} - (\mathfrak{a},\mathfrak{b},\mathfrak{c})\mathfrak{d}$ $= (\mathfrak{c},\mathfrak{d},\mathfrak{a})\mathfrak{b} - (\mathfrak{c},\mathfrak{d},\mathfrak{b},)\mathfrak{a}$ $(\mathfrak{a}\times\mathfrak{b})\times\mathfrak{c} + (\mathfrak{b}\times\mathfrak{c})\times\mathfrak{a} + (\mathfrak{c}\times\mathfrak{a})\times\mathfrak{b} = 0$

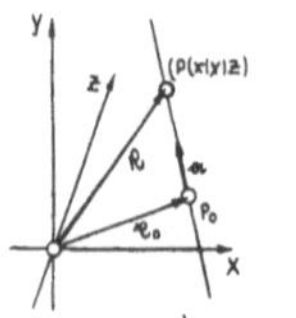

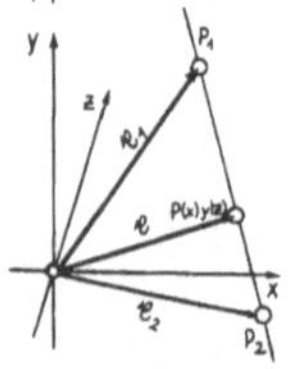

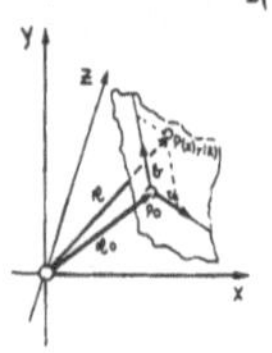

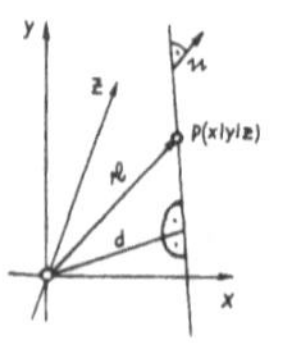

X. Vektorielle analytische Geometrie

1. Gerade a) In Richtung $\mathfrak{a}$ durch P_0 b) Durch P_1 und P_2 c) Teilung der Strecke $P_1 P_2$	$\mathfrak{x} = \mathfrak{x}_0 + t\mathfrak{a}$; $\mathfrak{x} = \overrightarrow{OP}$; $\mathfrak{x}_0 = \overrightarrow{OP_0}$, $\mathfrak{a} \neq 0$ t Parameter $\mathfrak{x} = t_1\mathfrak{x}_1 + t_2\mathfrak{x}_2$; $t_1 + t_2 = 1$; t_1, t_2 Parameter $(P_1, P_2; P) = \frac{\lvert\mathfrak{x} - \mathfrak{x}_1\rvert}{\lvert\mathfrak{x} - \mathfrak{x}_2\rvert} = -\frac{t_2}{t_1}$
2. Ebene a) In d. Richtungen $\mathfrak{a}, \mathfrak{b}$ durch P_0 b) Durch P_1, P_2, P_3	$\mathfrak{x} = \mathfrak{x}_0 + \mu\mathfrak{a} + \nu\mathfrak{b}$; μ, ν Parameter, $\mathfrak{a} \neq 0$, $\mathfrak{b} \neq 0$ $\mathfrak{x} = t_1\mathfrak{x}_1 + t_2\mathfrak{x}_2 + t_3\mathfrak{x}_3$; $t_1 + t_2 + t_3 = 1$; t_1, t_2, t_3 Parameter
3. Hessesche Normalform von Gerade und Ebene Abstand eines Punktes von einer Geraden (Ebene)	$\mathfrak{n}\mathfrak{x} = d$; $\mathfrak{n}$ Normalenvektor, $\mathfrak{n}^2 = 1$ d Abstand des Ursprungs von der Geraden (Ebene) $\mathfrak{n}\mathfrak{x}_1 - d = d_p$; $\mathfrak{n}$ Normalenvektor, $\mathfrak{n}^2 = 1$ $\mathfrak{x}_1$ Ortsvektor von P_1 d Abst. der Geraden (Ebene) von 0

Aufbau des Zahlensystems*)

1,0 Natürliche Zahlen 1,1 Null 1,2 Negative ganze Z.	1, 2, 3, 4, 5, ... 0 $-1, -2, -3, -4, \ldots$
2,0 Ganze Zahlen 2,1 Eigentliche Bruchz.	$\ldots, -3, -2, -1, 0, 1, 2, 3, \ldots$ $\frac{a}{b}$ (durchgekürzt; a, b ganz, $a \neq 0$, $b \neq 0$, $b \neq 1$)
3,0 Rationale Zahlen 3,1 Irrationale Zahlen	$\frac{a}{b}$ (a, b ganz, $b \neq 0$); z. B. $\frac{1}{2}$; $\frac{7}{1}$; $\frac{49}{23}$; 0,4; $0,\bar{3}\ldots$ Zahlen, die nicht in der Form $\frac{a}{b}$ (a, b ganz) darstellbar sind; z. B. $\sqrt{2}$, $-\sqrt[3]{17}$, π, $-\frac{\pi}{4}$, ...
4,0 Reelle Zahlen 4,1 Imaginäre Zahlen	Dezimalzahlen (Zahlen, die als endliche oder periodisch-unendliche oder als nichtperiodische unendliche Dezimalzahlen darstellbar sind). Zahlen der Form $a \cdot i$ (a reell, $a \neq 0$, $i = \sqrt{-1}$)
5,0 Komplexe Zahlen	Zahlen der Form $a + bi$ (a, b beliebig reel, $i = \sqrt{-1}$)

*) Vgl. nebenstehende schematische Darstellung (Bild 12)

Mathem. Formeln

F. Umrechnungstafeln

a) Geschwindigkeit: km/h in m/s und umgekehrt.

Bild 10.

$$1 \text{ km/s} = \frac{1}{4} \cdot 1{,}11 \text{ m/s}$$

$$1 \text{ m/s} = 3{,}6 \text{ km/h}$$

Beispiel: $284 \text{ km/h} = \frac{284}{4} \cdot 1{,}11 \text{ m/s} \mid 284 : 4 = 71 \mid + 7{,}1 + 0{,}71 = 78{,}8 \approx 79 \text{ m/s}.$

b) Luftdruck: Quecksilbersäule (QS) in Millibar (mb).

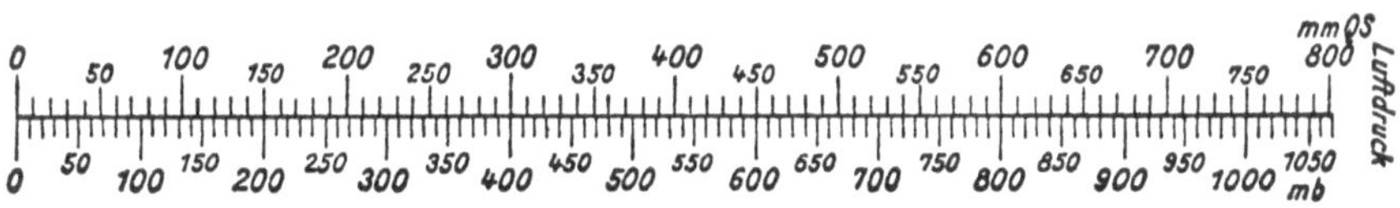

Bild 11.

$$1000 \text{ mb} = 750 \text{ mm QS}$$

$$1 \text{ mb} = \left(1 - \frac{1}{4}\right) \text{m QS}$$

$$1 \text{ mm QS} = \left(1 + \frac{1}{3}\right) \text{mb}$$

c) Temperatur: Celsiusgrad t_c in Fahrenheit t_f.

t_c	t_f-32	t_c	t_f-32
10	18	110	198
20	36	120	216
30	54	130	234
40	72	140	252
50	90	150	270
60	108	160	288
70	126	170	306
80	144	180	324
90	162	190	342
100	180	200	300

Beisp.

1) 94° C = 162 °F
+ 7,2 ,,
+ 32 ,,
= 201,2° F

2) 968° F
−32
936
−900 = 500° C
36 = 20° ,,
520° C

$t_f = 2t_c - \frac{2}{10}t_c + 32$

$t_c = (t_f - 32)\left(1 - \frac{1}{3} - \frac{1}{9}\right)$

d) Leistungen: Pferdestärken PS in Kilowatt (kW).

PS	kW	PS	kW
10	7,35	110	80,90
20	14,71	120	88,26
30	22,06	130	95,61
40	29,42	140	103,0
50	36,77	150	110,3
60	44,17	160	117,7
70	51,48	170	125,0
80	58,84	180	132,4
90	66,19	190	139,7
100	73,55	200	147,1

Beisp.

1) 158 PS = 110,3
+ 5,9
116,2 kW

2) 146,5 kW
139,7 ,, = 190 PS
6,8
6,6 = 9 ,,
0,2 ≈ 199 PS

1 PS = 75 kpm/s = 0,735 kW
1 kW = 102 kpm/s = 1,36 PS

1 HP = 76 kpm/s
= 1,014 PS
= 0,746 kW

Aufbau des Zahlensystems (schematisch)

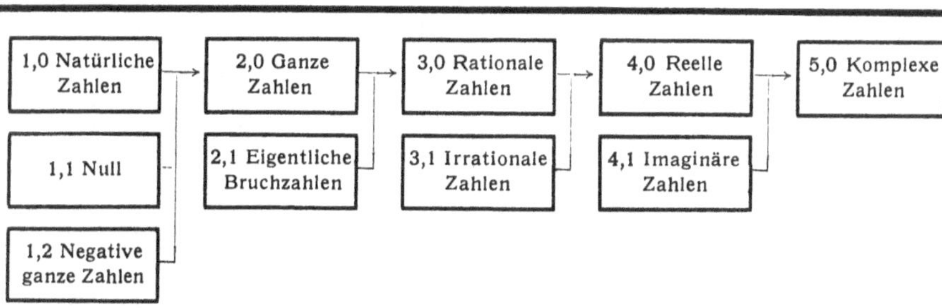

Bild 12

Jede Zahl eines Bereiches gehört auch allen höheren Bereichen, nicht jedoch deren Komplementärbereichen an

FSC
www.fsc.org
MIX
Papier | Fördert gute Waldnutzung
FSC® C083411

Zeitfracht Medien GmbH
Ferdinand-Jühlke-Straße 7
99095 Erfurt, Deutschland
produktsicherheit@kolibri360.de